# 数字化背景下三维服装
## 模拟技术与虚拟试衣技术的应用

韩燕娜　著

中国原子能出版社
China Atomic Energy Press

图书在版编目（ＣＩＰ）数据

数字化背景下三维服装模拟技术与虚拟试衣技术的应用 / 韩燕娜著． -- 北京：中国原子能出版社，2019.4
ISBN 978-7-5022-9750-3

Ⅰ．①数… Ⅱ．①韩… Ⅲ．①服装设计－计算机辅助设计 Ⅳ．① TS941.26

中国版本图书馆 CIP 数据核字（2019）第 072183 号

## 内容简介

本书以三维人体扫描技术为基础，对数字化背景下的三维服装模拟技术与虚拟试衣技术的应用进行详细论述，包括绪论、数字化与技术概述、数字化服装数字化服装技术的发展与应用、数字化服装设计、基于云数据处理的三维人体扫描点测量技术、基于数字化的三维人体建模技术、服装 2D 裁片虚拟模拟技术、三维服装虚拟缝合与试衣技术等部分组成。对数字化服装设计、三维服装模拟技术、虚拟试衣技术等方面的研究者和从业人员具有学习与参考价值。

**数字化背景下三维服装模拟技术与虚拟试衣技术的应用**

| | |
|---|---|
| 出版发行 | 中国原子能出版社（北京市海淀区阜成路 43 号　100048） |
| 责任编辑 | 王　丹　高树超 |
| 装帧设计 | 河北优盛文化传播有限公司 |
| 责任校对 | 冯莲凤 |
| 责任印制 | 潘玉玲 |
| 印　　刷 | 定州启航印刷有限公司 |
| 开　　本 | 710 mm×1000 mm　1/16 |
| 印　　张 | 11.25 |
| 字　　数 | 212 千字 |
| 版　　次 | 2019 年 4 月第 1 版　　2019 年 4 月第 1 次印刷 |
| 书　　号 | ISBN 978-7-5022-9750-3 |
| 定　　价 | 49.00 元 |

发行电话：010-68452845

# 前　言

随着人们对物质文化生活追求的不断提高，人们对服装产品的时尚化需求更加强烈，对服装质量的要求也更高，服装的适体性就是其中的一项需求。传统的手工人体测量技术较三维人体测量技术存在效率低、误差较大等不足，三维人体测量技术克服了传统手工人体测量技术的这些缺点，使服装的设计、生产效率得到了大幅度提升。它可以较快地获得较为精确的测量数据，使服装企业更好地应对时尚元素的快速更新，从而满足人们对服装的高标准需求。

服装数字化这一高新科学技术正在日新月异地发展着，并且在服装产业中起着令人不可小觑的作用，给服装企业带来了更多的挑战、机遇和利润。随着人们对服装的质量和品位的要求越来越高，服装市场的竞争日益激烈，数字化这一高新科学技术在服装行业中的应用越发显示出其必然的趋势。

数字化服装技术是指在服装设计、生产、营销和管理等环节引入信息化技术，对服装设计、生产和营销等过程中涉及的人、财、物等进行资源优化配置，对提高服装企业的产品开发能力、缩短产品设计制造周期、降低运营成本、增强企业市场竞争能力与创新能力起着重要作用。数字化服装设计过程中涉及多学科的交叉和多技术的融合，在充分考虑国内外服装行业的发展现状与技术需求的基础上，结合笔者自身的专业技术优势，本书以三维人体扫描技术为基础，利用三维人体扫描设备获取三维人体扫描点云数据，针对人体建模和虚拟缝合与试衣涉及的关键技术提出有效的技术路线和实施方案，系统地解决了数字化服装设计过程中人体扫描点云数据处理、人体建模、2D 裁片虚拟模拟以及三维服装虚拟缝合与试衣等有关技术问题。

在本书的编写过程中，笔者参考、借鉴了国内外许多专家学者的专著、论文和研究报告，在此对这些专家学者表示衷心地感谢。同时，对本书中未列出的引用文献和论著，笔者深表歉意，并同样表示感谢。由于时间及笔者水平所限，本书难免存在不足之处，真诚地欢迎各位专家、读者对本书提出宝贵的意见和建议。

# 目 录

# 第一章 绪 论

## 第一节 信息技术推动服装行业的发展

当今世界已进入了科学技术带动经济迅猛发展的新世纪，高新技术以势不可挡的发展速度促进着社会经济实力的提高。知识经济带给我们的是时代发展的新优势，知识经济又以高新技术和信息技术为主要特征，表现在智能化、集成化、数字化、网络化、全球化等诸多方面。数字化时代的服装产业也受到这一潮流的推动，我们耳濡目染的虚拟模特、"无线随处穿"服饰、智能服装、自动适应调温服装、计算机集成式服装以及应用在服装设计、生产、管理、销售等各个层面上的各种智能化、数字化产品及策略，均证明了数字化技术与服装产业已相互融合，相互促进，正在成为时代发展的一种必然趋势。

### 一、计算机技术发展对服装行业的影响

#### （一）计算机硬件技术的发展为服装行业的数字技术应用奠定了基础

20 世纪 60 年代开始，计算机技术进入高速发展的黄金时期，无论是计算机的硬件处理能力、存储容量、输出输入方法，还是功能的多元化、可靠性的加强以及设备形式都在快速提高，而计算机的体积、重量、能耗、误差，特别是价格却在大幅度降低，最为成功的是完成了从巨型机向微型机的过渡。计算机日新月异地向个人普及以及在各行各业的渗透和应用是人类最伟大的科技成就之一。这一时期正是服装行业最活跃的发展阶段，计算机技术的应用很快就为服装行业所

接受，并逐步形成了密集的应用态势，渗透到了现代服装工业的每个角落。

计算机的前期发展大约经历了四个阶段：电子管计算机阶段（1946～1956年）、晶体管计算机阶段（1957～1964年）、集成电路计算机阶段（1965～1971年）和大规模、超大规模集成电路计算机阶段（1972年起至今）。

1975年，美国IBM公司推出了个人计算机PC（Personal Computer）。20世纪80年代，新一代计算机的研究者普遍认为：新一代计算机应该是智能型的，应该能模拟日常的智能行为，理解人类自然语言，并继续向着微型化、网络化发展。微电子技术的高速发展使计算机的中央处理器（CPU）芯片器件数得到飞速发展，达到一个芯片中可集成近亿个晶体管。这些为数字技术在服装行业的应用奠定了基础。

### （二）计算机软件技术与现代多媒体技术的结合使得数字技术应用于服装行业成为可能

在计算机技术的发展过程中，软件从计算机系统构成中分离出来成为独立的一门技术，在操作系统、数据库、编程语言、工具软件等领域经历了各自不同的发展阶段，逐步形成了不同形式的软件规范和应用框架。随着软件科学研究内容的不断深化，现代的软件开发已经走向系统化、工程化以及协作化开发之路，在系统软件、应用软件向纵深发展的同时，逐步形成了计算机技术高性能、高可靠度以及软硬件相结合的特点和优势。

其中，多媒体技术的出现和应用为人和计算机之间提供了新的"交流空间"。多媒体系统可以将文字、声音、图形、图像、动画等多种信息媒体结合在一起，使得计算机的人机交互功能得到了全面的提升，为计算机走进千家万户创造了可能。计算机软件技术和现代多媒体技术的快速发展与结合使得数字技术在服装行业的应用成为可能。

## 二、通信技术和网络技术发展对服装行业的渗透

现代通信系统凭借光纤传输、卫星通信、微波技术、无线电通道，实现了智能化、数字化、网络化、信息化和全球化。电信系统的数字化为有线通信、无线通信、电子通信、固定通信、移动通信、光纤通信提供了技术保障，构成了密布各地的信息通信网络。其中高速光纤通信和移动通信等技术对所有的现代工业形态包括服装行业都产生了深刻影响。高速系统的出现不仅增加了业务传输容量，数字多路复接和传输方式（SDH）、异步转移模式（ATM）交换技术及IP技术的

使用、有线电视网的加入，也使宽带综合业务数字网络得以高效率实现，不仅可以传输语音和数据，还可以传送图形、图像、视频。特别是宽带业务和多媒体，为服装行业的数字业务提供了实现的可能。

目前，卫星无线通信技术已遍及全球，促进了移动通信的飞速发展。移动通信网络为服装用户提供了具备空间灵活性和时间灵活性的数字通信技术，大大提高了数字服装的开发空间。

计算机的互联、局域网与局域网的互联从根本上实现了资源信息的共享，进而形成了一个"信息网络整体"，而信息网络整体中各个网络的集合、互联及其产生"共鸣""共振"的效应正是当今网络生存的基础，也是信息革命时代所需要的。通过 Internet，各种信息在全球范围内高效交互，打破了传统的地缘政治、地缘经济、地缘文化的概念，形成了以信息为中心的跨国界、跨经济体制形式、跨文化差异的虚空间。它压缩了时间和空间，拉近了人与人之间的距离，在特定意义上使世界缩小了。同时，它又是一个社会关系"伸展"的过程，将那些主导我们日常生活的地方性脉络扩大到了全球性的层次，为人类的共同进步和创造一个基于共同价值的社会提供了巨大的可能，使更多的人能利用先进的信息技术分享全球化的利益。可以说，Internet 的出现是 20 世纪科学技术革命中最重要的突破之一，有人甚至认定它是人类"第四次工业革命"的开始。

随着数字化技术的发展、计算机硬件的更新换代，互联网技术迅速普及，成为一种新的媒体广泛进入人们的生活。与传统的信息传播方式相比较，互联网具有鲜明的优势：它实现了时空之间的零距离接触，大大降低了信息的传播费用，不仅具有传统新闻媒介能够及时广泛传播信息的功能，还具有多媒体、实时性、交互性传播信息的独特优势。在这个数字化的信息时代，人类的生存和生活不可避免地存在于以互联网为基础的信息空间之中，作为一种新型的大众传媒工具，互联网将与人类社会休戚相关，共同发展。如今，国际上已把互联网称为继报纸、广播、电视之后的"第四大众传媒"。它给人类社会带来的信息传播技术是前所未有的、具有根本性的突破和变革。人类社会必将随着互联网信息传播技术进入一个崭新的时代。

相对于互联网而言，传统的设计手段和传播方式在服装流行趋势发布、时尚理念传播等方面已显得费时费力，这更促进了服装业对网络平台的需求。互联网的传播方式能够使设计思路和产品展示更加便捷。人们可以在网上获取任何地域的信息，打破了传统的按各种层次获取信息的局限，大大拓展了人们的视野。网络将人与产品信息或服务信息带入一个自如的交互空间。

## 三、中国纺织服装业的信息化历程

中国服装产业自改革开放以来实现了持续高速增长，出口规模日益扩大，产业结构和产品结构调整深化，企业体制创新和机制改革步伐加快，技术改造和信息化水平有所提升，产业集群竞争力增强。服装产业是我国国民经济中的传统支柱产业之一，我国已成为世界第一大服装生产国、消费国和出口国。我国纺织服装行业的信息化历程可分为四个发展阶段。

### （一）起步阶段（约 1978 ~ 1985 年）

纺织业的信息化建设起步于 20 世纪 70 年代末期，管理信息化则从 1979 年开始，企业将计算机运用到企业管理中。之后随着 PC 机、单板机等技术的出现，一些试点企业开始建立整个车间的监测系统和单项管理信息系统。

这一阶段是计算机在服装行业应用的铺垫时期，为服装行业应用计算机及其相关技术打下了基础。

### （二）应用推广阶段（1986 ~ 1995 年）

"七五""八五"期间，我国纺织服装工业经历了新中国成立以来最快的发展时期，信息化建设越来越引起各级政府的重视，对信息化项目给予了拨款和银行贷款的支持，这个阶段的信息技术应用开始得到普及推广。20 世纪 90 年代初期，物料需求计划 MRP、制造资源计划 MRPII 等软件产品首先进入纺织企业，生产自动化监测在原有的基础上继续发展。

这一阶段的主要特点是在政府推动下，企业掀起了计算机技术普及和推广的热潮，对管理信息化起到了极大的促进作用。但限于当时的信息技术发展水平，应用领域和项目之间缺乏联系，系统之间信息很难共享，而且缺乏先进的、成熟的管理思想指导，企业需求不明确，总体规划未受重视，一些企业实施的项目并没有取得预期的效果。

### （三）转变阶段（1996 ~ 2000 年）

这个阶段，以计算机管理信息系统 MIS 的应用、企业网站的建立为代表。随着国有企业改革的不断加速，原有模式逐渐过渡到企业成为项目的投资主体和实施主体，完成了变被动为主动的根本性转变。1996 年，中国纺织服装信息中心制定了《纺织服装企业管理信息系统开发规范》。

值得注意的是，企业资源计划ERP、客户关系管理CRM等概念的引入和普及，使这种新的技术和管理模式吸引了企业。互联网技术的飞速发展是这一时期的另一个热点，对纺织服装行业信息化也是一个强有力的推动为其发展提供了全新的平台和工具以及全新的管理理念，逐步解决了长期存在的信息交流和共享问题，使管理信息化的水平上了一个新台阶。

## （四）发展阶段（2001～2004年）

2001年11月中国加入WTO之后，服装企业信息化需求明显增长，企业对入世后国际竞争日益严峻的发展趋势有了比较清醒的判断。在企业自身需求的基础上，信息化的应用得到实质性的发展，总体上在制造业行业中处于中等水平。企业需求明显增长，对产品的选择更成熟和理性，更加注重实施效果和投资效益。

服装是纺织行业的终端产品，更强调产品个性，因此在数字化的应用上也对技术本身提出了更高的需求。随着我国纺织服装工业多年来信息化的快速发展，数字化服装的概念和与之相关的软硬件技术及实施策略也应运而生。

# 第二节　数字化服装的概念

服装工业及服饰文化是伴随人类文明的进步而发展的，在数字化时代，服装产业也不可能超然世外，从20世纪90年代开始，逐步进入了吸纳高新技术和信息技术大变革的新纪元。

服装产业的数字化变革，主要体现在数字化的研究与应用上。数字化技术已经涵盖整个服装业的操作过程，包括设计、制作、设备、技术、成衣、管理、信息、商贸等方面。服装除了展示自身流行的服饰文化、艺术内涵以外，纺织科技的进步、数字化技术的发展以及相关行业的进步，最终都将在服装上得到综合体现。因此，从某种意义上说，服装也是反映现代科技进步的一种必然的载体。

所谓的数字化服装，包含了三个方面的内容，一是服装产品自身的数字化；二是数字化技术在服装设计环节中的体现；第三是在服装生产、管理、营销方面的数字化过程。

## 一、服装产品自身的数字化

产品自身数字化的服装，是指在服装材质、面料、服饰等方面应用数字化技术的智能服装，或用于特殊场合，或实现特殊的功能与作用的功能性服装。

嵌入式应用方面,如可携带和佩戴的微缩装置,在手镯、耳饰、眼镜、胸针、项链等佩饰内嵌数字化产品后,可随时随地登录互联网,形成集资料、通信、娱乐、商务于一体的便携系统,即具有可穿戴性流行款式的"无线随处穿"服饰。内置移动电话和 MP3 播放器的夹克,或者结合了柔性电视屏幕的裙子,使服装成为信息技术和艺术合璧的产品。

智能应用方面,织入了光导纤维的智能 T 恤衫可以及时传递各种信息,实现环境自适应、湿度管理、生理功能监测、温度调节及无线控制等多种机能。在纤维加工过程中应用纳米技术可以使最终的服装产品具有抗菌、除臭、抗静电、免烫、防污、抗撕裂等功能。同时,数字化手段也提供混合或组合式机能搭配的纤维或织物,使得各种机能的组合变得更加普遍。

信息采集与监控方面,如"救生衬衫",这种衬衫穿在身上可以起到心电图机的作用。救生衬衫通过嵌入的传感器、掌上电脑能监测和记录 30 多种生理症候,可以读出着装者的每一次心跳和情绪激动状况。记录下来的信息通过数据卡上传到计算机,然后经过互联网某中枢分析之后再发送给医生。另一种同样的产品——"智能衬衫",可用于医疗和康复。这种智能衬衫可以监测各种主要的生理症候,如心率、心电图、呼吸和血压。它使用嵌入在织物中的光电纤维收集生物医学信息,然后传送到衬衫下面的发射器中,存储在那里的存储芯片通过无线网络发送给医生。运动员可用智能衬衫监测心率、呼吸和体温,提高训练成绩;消防队员可用救生衬衫或智能衬衫监测烟吸入量;医生可用这种服装监测离开医院的患者;等等。

## 二、服装产品的数字化设计

数字化服装设计,就是数字化技术在服装设计环节中的实现,即在服装设计阶段进行数字化应用的过程。我国通过多个"五年计划"的服装技术攻关,二维服装 CAD 技术水准已经达到相当的高度,特别是软件开发水平已与发达国家并驾齐驱,三维、虚拟、超维服装 CAD 以及它们的设计基础——三维人体测量技术等方面的开发和应用研究也在逐步推进。

数字化服装设计的基础是数据的获取、整合以及挖掘,服装产品的数字化设计不但是现代化服装设计的一种先进手段,更是未来服装设计的主导,如超维设计的概念已经具有了开拓性的意义。服装的超维设计是设计师在消费者或客户的参与下进行的,根据地点、时间、环境进行动态设计,并始终贯穿虚拟的空间,这样的设计不仅可以"看"到效果、"听"到声音、"闻"到气味、"摸"到质地,还可"感"到设计带来的无穷乐趣。

服装设计，从广义的角度应包括从服装设计师构思款式到服装生产前的整个准备过程，基本可分为款式设计、结构设计和工艺设计三个部分。而数字化服装设计涉及这一系列过程的前前后后和方方面面。服装设计是一个复杂琐碎的过程，包含大量的作图、计算、制板以及许多经验和技巧，是艺术和技术相结合的统一体现。在这一过程中，哪些可以由计算机实现，哪些需要人工干预，它们之间如何通信，怎样有机地结合为一体，是数字化服装设计研究的主要内容。数字化服装设计的优势在于集人之丰富想象力和创造力与计算机的精确、快速为一体，高效率、高水平地辅助服装设计师、工艺师、生产技术人员完成设计、监制工作。

由于计算机自身的特点和优势，利用计算机技术完成服装纸样的绘制并进行推板、排料是相对容易的，而且在实际应用中的确可以达到提高效率、降低成本的目的。而服装设计系统对计算机技术的要求相对更高，不仅在图形处理方面有许多特殊需求，还需要计算机具有更高的智能化性能，能够将设计师的艺术才华与计算机技术完美结合。因此，服装设计系统的开发相对较为缓慢。在服装生产企业中，服装设计系统的利用率不高，更无法起到提高效率的作用；有时甚至还因为不能随心所欲地进行设计，最终被设计师放弃而选择手工方法完成。由于当今服装市场越来越趋于成熟，追求多品种、高质量、新款式的产品成为其主要特色，所以每个服装企业都必须对这一市场需求不断做出快速的反应。这就要求无论是设计师、生产商还是零售商，都必须不断推出具有市场潜力的产品。在这一过程中，数字化服装设计技术可以为服装从原材料的供应到最终的服装成品的生产提供快捷、高效的辅助手段，同时可以增进消费者与生产商、供货商的交流。

## 三、服装生产、管理、营销的数字化过程

数字化服装业务流程管理系统是集先进数字化技术、先进生产技术、先进管理技术于一体的服装生产、营销、管理思想和模式。它是借助计算机技术、网络技术、信息化技术、自动化技术，以系统化的管理思想整合企业管理理念、业务流程、基础数据、人力物力和财力，为企业决策层及员工提供决策运行手段。由于国内外市场竞争加剧，科学技术发展迅速，服装产品更新换代速度加快及人们对服装产品多样化、个性化的需求增加，使得服装制造业向多品种、小批量、定制生产的模式发展。为适应这种情况的变化，国内外 IT 行业开展了大量的研究，提出了许多新观点、新思想、新概念，先后产生了许多先进的模式与系统，如供应链管理、客户关系管理和电子商务平台等，可实现企业内部资源的共享和协同，改进企业中不合理的管理制约，使得各业务流程无缝平滑地衔接，从而提高企业的管理效率和盈利能力，降低交易成本，使企业获得或保持长期的竞争优势。

由于服装产品是最具科学技术和艺术文化含量的载体之一，在商品市场上也是最敏感、最敏捷制造"时尚"的产品，因此，在客户个性化定制需求已呈现上升状态的今天，传统的服装企业生产加工方法，已不能适应和满足当今时代服装业快速发展的要求。特别是计算机技术、网络技术和通信技术的发展已呈爆炸状态，数字化信息技术应用已趋成熟，服装企业实现从信息、设计、加工到营销管理的整个价值链的数字化，是 21 世纪传统服装产业转变为数字化服装技术产业的必然。

# 第二章 数字化与数字化服装技术概述

## 第一节 数字化与数字化服装技术

随着市场导向型时代的到来，以企业为主导的时代已经不复存在，这意味着生产管理者要站在消费者的立场上考虑问题。"更好的产品，更低廉的价格"永远是顾客的要求。品质、成本、交货期成为生产活动中的三要素。把这三个要素投入生产活动中，使人、原材料和设备得到高效率的利用，并且使各项要素达到一个平衡，这就是生产管理的职能。研究和创新服装生产管理的方法，提高生产效率，是生产管理发展的本质。一个合乎时代发展的生产管理新模式是企业改革必须思考的。以企业为全体对象进行统一管理和改善的 JIT（准时化，即在必要的时间内供给必要数量的必要产品）的生产管理方式应运而生，对全世界的制造业产生了巨大的影响。

服装制造业属于劳动密集型产业，服装款式复杂，各种原材料、面辅料丰富，对制造技术及设备也有更多的功能性要求。生产管理意识的提高使生产设备得到了改良、改善，数字化全自动模板缝纫机的发明和完善减少了对熟练技术工人的依赖，使手工复杂的服装制造业进入标准化生产变成了现实，同时服装生产模板的设计和应用变得迫切和必不可少。计算机的普及应用对制造业产生了深远影响，颠覆了传统而又古老的服装生产方式。部分服装企业开始利用计算机进行改革，对企业信息化进行规划和资源整合，改善企业生产供应链，建立信息化平台，建立标准生产程序和制订科学的生产计划，使生产达到平衡，从而提高了生产效率，降低了成本，提高了企业的竞争力。未来的制造业越来越依赖计算机技术，未来的服装制造业将进入一个数字化时代。

### 一、数字化的概念与作用

"数字化"这个词语源自拉丁语"digitus",意思是"手指"。今天,人们的生活越来越离不开数字产品,如"数字化电视"等。

计算机内部是以数字化的方式来工作的,计算机使用数字"0"和"1"并借助晶体管工作。"0"表示不导电,"1"表示导电,这便是"二进制"计算方法。它是由哲学家戈特弗里德·威廉·莱布尼茨发现的。无论多大的数,都能用"0"和"1"这两个数字来表达。例如,数字8可以用"1000"表示,14可以用"1110"表示,1 000可以用"1111101000"表示(图2-1)。二进制也可以处理文字,计算机专家都在使用一种编码——ASCII编码,这种编码分别将每一个字母和标点符号与相应的二进制数字相对应。例如,字母"A"在ASCII编码中用"1000001"来描述。

```
二进制
1=1
2=10
3=11
4=100
5=101
6=110
8=1000
9=1001
10=1010
11=1011
12=1100
13=1101
14=1110
15=1111
16=10000
```

图2-1  计算机的二进制计算方法

数字化技术的应用引起了制造信息的表达、存储、处理、传递等方法的深刻变革,使制造业逐步从传统的生产型向知识型模式转变。数字化技术是制造业信息化的基础,它以计算机软件、外围设备、协议和网络为基础,用于支持产品全生命周期的制造活动和企业的全局优化运作。数字化制造将传统制造中的许多定性描述转化为数字化定量描述,并建立不同层面的系统数字化模型,利用仿真技术,使产品设计、加工、装配等制造过程实现全面数字化。数字化设计、加工、分析技术以及数字化制造中的资源管理技术等构成了数字化制造的支撑技术,是实现数字化制造的重要途径。

## 二、现代服装生产的特点与发展趋势

### （一）现代服装生产方式与特点

#### 1. 现代服装生产方式

现代服装生产根据服装的品质要求可分为以下几种生产方式：

（1）成衣化。以国家制定的标准服装型号为基准，结合款式工艺特征，按照制定的工序要求，由工人按流水线作业分工合作而成。

（2）半成衣化。以工业化标准生产为基础，由客户对某些部位提出特殊要求，结合工业化生产的方法，以流水线的生产方式完成。

（3）定制。以个人体形和爱好为准，量体裁衣，单件制作。

（4）大规模定制。低成本、高效率、多品种、单元化个性定制。

成衣化生产的制造方式分大批量流水线生产、单件流生产和细胞流生产等。所有这些生产方式的变化，其目的只有一个：迎合市场的需要，并随着市场的不断变化而不断提高生产技术。

#### 2. 现代服装生产的特点

（1）现代成衣化服装生产的特点。①必须利用科学管理的知识进行生产改进和创新；②高效使用人、物、机器，创造最大的价值；③寻求完善的标准操作程序，以计算机应用为主，推行数字自动化；④连续性生产；⑤产品质量好，价格合适。

（2）高级定制服装生产的特点。①凭裁剪师傅的经验和灵感设计打版；②强调手工缝制、熨烫；③服装细节细腻，有灵性；④价格高。高级定制源于欧洲。在法国巴黎，对高级定制的企业有着严格的要求。定制的衣服必须原创，一般只有一套，最多不能超过 3 套；在面料设计、款式造型上，必须具有国际潮流气息，走在时尚的尖端，甚至引领时尚的走向。

（3）大规模定制服装生产的特点。大规模定制是市场需求的反映。为了追求个性化，服装生产逐渐走向单元化；为了实现快速反应，不得不借助现代数字化生产技术、网络技术、虚拟试衣技术进行服装生产。

## （二）现代服装生产的变化与发展趋势

### 1. 生产模式的转变——大规模定制

进入 21 世纪后，社会对服装制造技术提出了更高的要求，要求企业具有更快速和灵活的市场响应，要求产品有更高的质量、更低的成本和能源消耗以及良好的环保特性。这一要求促使传统服装制造业在 21 世纪向现代制造模式发展，并逐渐研制和建立起一批先进的服装制造模式和系统。美国、日本等国家开展了大量研究，在 20 世纪 90 年代先后提出许多先进制造模式与系统，如敏捷制造、大规模定制生产、虚拟制造、清洁生产、精益生产等，其中以大规模定制生产模式最受关注。

大规模定制生产模式意味着既要有大规模生产的低成本和高效率，又要对定制产品形成多品种和个性化服务。这一模式能使人人都买得到适合的衣服。这一模式下的典型生产过程是信息化的，是一种单元化或模块化的、高柔性的、并行的、分布的制造过程，与刚性的大流水生产线完全不同。这种定制方式涵盖从零售到生产的整个流程，垂直结构的服装制造商和零售商能够以低廉的价格为广大客户提供定制化的服装。我国已有不少企业在进行定制生产，如红领、希努尔、报喜鸟、耶莉娅、蓝豹、白领、雅戈尔等知名品牌。它们的定制分两种模式：①手工高级定制；②信息化规模定制。其中，比较符合信息化大规模定制生产的是红领品牌。我国服装企业未来的制造模式一小部分是单件高级定制生产模式，大部分是大规模定制生产模式，还有一部分是标准化大批量生产模式。

### 2. 服装生产数字化的发展趋势

图 2-2 是现代化服装成衣生产工程图，列出了现代化成衣生产过程中所需的设备、技术。从中可看到，数字化技术被应用到了每个生产部门，标准化生产促进了服装品质的提高。数字化技术使生产工艺过程设计发生了变化，而工艺过程是整个制造系统的重要环节，对产品的质量和制造成本产生了重要影响。利用计算机进行服装打版、排版、纸样输出，完成样品试制，使产前周期变短；通过对样品的生产工艺设计、对工序的时间分析，实现服装工艺文件的编制、流水线的排列，以保证生产计划平衡；对作业的标准化、规范化处理减少了生产技术人员的重复性劳动工作，缩短了产品制造的周期；利用电子传感设施可以通过产品生产流程获得准确的信息数据，使生产信息真正流通起来，为管理者进行准确的生产决策起到关键作用。

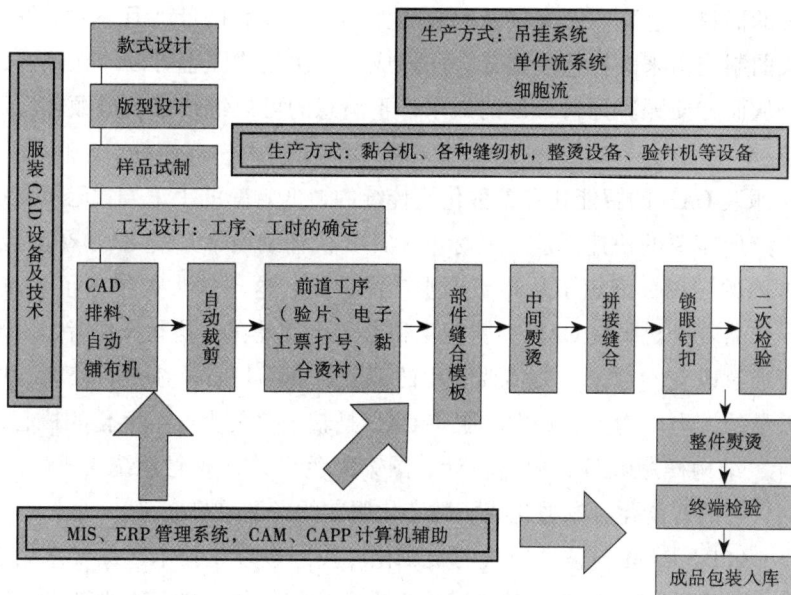

图 2-2　服装生产工程图

计算机辅助工艺过程设计（computer aided process planning，CAPP）、计算机辅助工艺设计（computer aided design，CAD）和计算机辅助制造（computer aided manufacturing，CAM）的快速发展应用给改革中的企业带来了巨大的经济效益，计算机信息协同化、集成化成了未来制造业发展的趋势。

服装生产数字化的发展趋势主要表现在以下四个方面：

（1）三维测量及电脑试衣。服装生产的第一步是确定三围尺寸，确定是欧体版型还是非洲版型或者亚洲版型。所以，人体测量是服装设计和生产中的基本因素之一。三维测量克服了传统人体测量的缺点，主要利用三维人体扫描技术获取人体测量数据，具有快速、准确、效率高的特点。三维测量使二维平面样板与三维立体裁剪的转化成为可能，是实现服装信息化、数字化的基础。

电脑试衣可以直观地展示出服装的效果，因此它在整个数字化服装系统中是一个具有判断性、决定性的模块。通过三维人体测量把人体尺寸扫描在电脑里形成人体模型，或直接用数码相机把人体形象摄进电脑中，这样模型就具有了准确性、真实性、个体性、直观性、生动性。然后，顾客根据自身的需要及爱好，从服装款式图库中任意浏览、挑选、试穿、评估，直到最终满意。

电脑试衣要求服装的款式图库具有超容量，不仅款式图要多，还要根据时下流行的款式不断更新，或凭顾客的想象直接画出款式图，也可以根据不同的参数改变服装的面料、色彩、图案以及服装的大小尺寸和宽松量。另外，根据顾客满意的款式图制作出来的样板经过缝合而形成的二次款式图也可以穿在顾客的人体模型上，从而方便顾客评价最终的效果，不满意的可以继续修改成顾客心目中理想的服装。

（2）服装 CAD 的智能化和参数化。传统的、低效率的手工方式已不再适应现代服装生产所需要的快速反应、高标准。计算机辅助设计系统 CAD 在服装设计、打版等方面的应用，缩短了从打版到生产的周期，这不仅大大提高了生产效率，还提高了产品质量。服装 CAD 的智能化和参数化就是在电脑和操作者之间形成人机对话，通过改变参数来改变需要变动的部分，而不是对整体进行修改，这样就节省了大量的人力、物力和财力。服装 CAD 是整个服装生产数字化的核心，包括款式设计、结构样版设计、面料设计、图案配色设计、放码系统、排料系统等。毫无疑问，它的智能化、参数化成了数字化服装的发展趋势之一。

（3）CAPP、CAM 与整个模块的集成化。按照数字化技术产品要求组建现代缝制设备制造，能以最有效、最快速的方式整合和优化市场和企业资源，产生更大的社会和经济效益，加速资本、技术和人才流动，推动企业经济持续稳定发展。实施集成制造系统，需要相应的硬件设备，如电脑控制的服装面料检测设备、自动铺布机、自动裁剪机、激光模板雕刻机、全自动模板缝纫机、电脑控制多元缝制（局部贴袋）缝纫机、智能吊挂传输式缝制系统、自动加压的立体及系列整熨机等。从电脑拉布机到自动裁床再到智能柔性吊挂系统的自动化生产制造过程，大大减少了人为的技术因素对产品质量的影响，使人工减少、面料节约、效率提高成为可能，并缩短了生产周期，从而在整体上降低了成本，增强了企业的市场竞争力。

（4）信息管理的网络化。对于企业来说，信息的重要性不言而喻。德国工程咨询公司和肖塔纳工程咨询公司创始人约瑟夫·肖塔纳指出，产品数据管理（product data management，PDM）系统和企业资源计划管理（enterprise resource planning，ERP）系统是企业 IT 系统的核心组成部分，其中 PDM 系统着重虚拟产品形成过程，ERP 系统着重产品的物理形成过程。这两个系统的结合将成为服装企业管理信息系统的最佳方案，也是服装企业实现数字化的唯一方案。它们的结合就是将各个模块的信息单元集成封装起来，使它们之间的信息有效共享，并与外界信息进行互惠交流，形成完整的企业内部网、企业外部网和互联网体系，从而实现企业管理信息系统的网络化。特别是对大规模生产模式的企业来说，要实现产品的异地定制、采购、配送、生产、电子商务、企业联盟、网上商店和虚拟公司等，就要求企业有一个完整的数字化网络体系、数字化电子商务系统，以达到企业生产的迅速反应及决定。

## 三、数字化服装技术

随着社会经济的发展和人们生活水平的提高，人们对服装的品质、时尚性和个性化的要求越来越高，服装行业开始向着"多品种、小批量、短周期、快交货"的方向发展。伴随着数字化技术和网络技术的不断发展，传统的服装行业开始步入全新的信息化时代。

数字化服装工业以信息技术和网络技术为基础，通过对服装设计、生产、营销等环节中的各种信息进行收集、整理、共享和应用，最终实现服装企业资源的最优化配置。数字化服装技术主要包括以下几方面内容：①以服装产品开发为主的数字化服装设计技术；②以服装产品制造加工为主的数字化服装生产加工技术；③以服装企业生产运营管理为主的数字化服装生产管理技术。

### （一）数字化服装设计

作为数字化服装工业的重要环节，数字化服装设计直接影响着整个服装行业的数字化发展进程。

最早实现服装数字化技术的是服装计算机辅助设计，发展至今已有 40 多年了。20 世纪六七十年代，美国采用计算机进行读版、放码、排料，这是以代替手工为主的服装 CAD 技术时期；20 世纪八九十年代，美国、法国、日本、西班牙等国相继开发出服装 CAD 系统，如美国格博、法国力克、加拿大派特、日本杨格、德国艾斯特、西班牙艾维等系统。

2000 年以后，国内服装 CAD 技术开始快速发展，相继出现了不少优秀的服装 CAD 系统，如富怡、布易、航天、日升、至尊宝纺、博克等系统。目前，我国服装行业服装 CAD 系统应用普及率在 15% 左右，并且服装 CAD 系统正朝着智能化、三维化和快速反应的方向发展，数字化服装设计技术的研究应用范围也在不断扩大。

### （二）数字化服装生产加工

目前，越来越多的品牌服装企业开始寻求快速、时尚的服装制造模式，其产品品种变得多而杂，产品开发周期为了满足"快速的市场反应"需要不断缩短，产品质量要求也在不断提高。因此，数字化服装生产已成为部分走在前沿的服装企业努力实现的目标。

数字化服装生产是一种基于信息技术、涉及服装制造全流程的全新模式。它以数字化信息为基础，以计算机技术和网络技术为依托，收集、整合、传输、应用服装设计、加工、销售等环节中的各种信息，提高生产效率，降低生产成本。

现在已有部分高校、科研机构及企业开展了相应的研究，以应对当下"多品种、小批量、高质量、快交货"的服装制造发展需要。服装CAM、服装自动吊挂系统、服装生产模板、全自动缝纫设备、自动裁床等先进的生产设备与科技产品的大规模应用实现了服装数字化生产方式的有效转变，使企业流水作业更加顺畅，同时做到了服装生产周期的合理把控和生产进度的合理安排，增强了服装企业的竞争力。

### （三）数字化服装生产管理

数字化管理是指利用计算机、通信、网络等信息技术，通过统计技术量化管理对象与管理行为，实现计划、研发、销售、生产、财务、服务等方面的管理活动。

数字化服装生产管理是利用信息化技术实现对服装设计、生产、销售、财务、服务等方面的全面管理，实现服装企业各部门、各环节的信息共享，实现服装企业资源的优化配置。

目前，随着服装精益生产管理思想的逐步深入，越来越多的服装企业开始真正意识到数字化生产管理的重要性。伴随各种管理信息系统（如服装生产高级计划和排程系统、柔性加工系统等）的逐步完善和成熟，单件流、细胞流、分层生产等生产方式和技术的进步，服装企业数字化生产管理开始步入快速发展轨道，服装行业也开始迎来真正的数字化时代。

## 第二节　三维人体扫描技术与三维人体建模的实现

### 一、三维人体扫描技术

三维服装CAD技术和虚拟服装设计及试衣技术是近年来服装行业新的研究热点，随着信息技术和计算机技术的快速发展和广泛应用，服装数字化技术也得到空前的发展，特别是在基于人体扫描技术的三维人体重建和虚拟试衣技术领域。

通过三维人体扫描仪等信号采集设备，可以方便地获取人体表面信息，这些信息通过大量的点来表达，往往形成包含几百万个点的大型数据包，通常称为点云。通过对点云的处理，可以得到人体的表面表达，实现人体表面重建，进而进行三维服装设计和虚拟试衣。与服装 CAM 技术结合，能直接将设计用于生产加工，从而实现服装设计与生产的全面数字化。

美国、英国等国家在三维人体扫描技术领域的研究起步比较早，在该领域处于领先水平。20 世纪 80 年代开始，我国的一些高等院校和研究机构相继步入该领域并进行了深入的研究。

三维人体扫描是现代人体测量技术的主要特征，它是以现代光学为基础，融光电子学、计算机图像学、信息处理、计算机视觉等技术于一体的高新技术。一个完整的三维人体扫描系统主要由光源、成像设备、数据存储及处理系统组成，其工作流程如图 2-3 所示。

图 2-3　三维人体扫描系统工作流程

首先，光源向人体表面投射光束，可以是白光、激光、红外线、结构光等，这些光投射到人体表面后将产生变形；其次，摄像装置同步拍摄投射到人体表面的光线图；再次，系统软件提取图像中包含的人体表面的数据信息；最后，通过系统软件构建人体模型，提取人体尺寸数据。

根据光源和系统处理方式的不同，常见的三维人体扫描方法主要有以下几种：

## （一）立体视觉法

该方法的基本原理是利用成像设备从不同的位置获取被测人体的多幅图像，提取图像中对应的目标点，利用三角测量原理，通过计算图像中对应点的位置偏差获得点的三维坐标。

立体视觉法可以分为双目立体视觉法和多目立体视觉法，其中双目立体视觉法模拟人的双眼观测景物的方式，具有效率快、精度高、成本低、系统结构简单、使用范围广等特点，是立体视觉最常用的实现方式。在立体视觉系统中，摄像机标定以及图像之间的对应点匹配是该领域研究的热点和难点。

法国 Lectra 公司的 Vitus Smart 三维人体扫描仪就是采用立体视觉法。该扫描仪由 4 个柱子的模块系统组成，每个柱子包括 2 个 CCD 摄像机和 1 个激光发射器。扫描人体时，8 个垂直运动的 CCD 摄像机拍摄激光发射器投射到人体上的激光光纹图像，并迅速计算出人体表面点的三维坐标值，快速重建一个高度精确的"人体数码双胞胎"，通过系统软件快速提取 100 多个人体尺寸数据。

天津工业大学的研究团队基于双目立体视觉原理研制了一种便携式三维人体测量系统，能够完成人体表面点云扫描、点云数据处理、人体模型重建、人体尺寸的自动测量等。

## （二）结构光三角测量法

该方法的原理是先将结构光投射到被测人体上，同时在偏离投射方向的一定角度处用 CCD 摄像机拍摄人体图像，由于人体表面的起伏会使投射的光源在 CCD 摄像机中的成像发生一定的偏移，通过求解光的发射点、投影点和成像点的三角关系可以确定人体上各点的三维坐标信息。光源类型主要有激光、白炽灯、数字镜像仪、投影仪等。

美国 Cyberware 的全身三维扫描系统 WBX 就是采用结构光三角测量法。该系统由操作平台、4 个扫描头、标尺、系统软件等构成。采用激光作为光源，由激光二极管发射一束激光到人体表面，使用镜面组合从两个位置同时取景，激光条纹因人体体表的形状而产生形变，传感器记录形变并通过系统软件生成人体的数字图像。系统的 4 个扫描头以 2 mm 为间隔，对人体自上至下进行高速扫描，能够在 17 s 内扫描全身几十万个数据点。

## （三）莫尔条纹干涉法

该方法的基本原理是将一个基准光栅投影到人体表面上，通过人体表面高度的信息差使光栅线发生变形，变形的光栅与基准光栅经干涉得到条纹图，系统通过对生成的条纹图进行处理而获取人体表面的三维信息。

莫尔条纹干涉法可分为扫描莫尔法、影像莫尔法、投影莫尔法等。其中，扫描莫尔法用电子扫描光栅和变形迭加生成莫尔等高线，利用现代电子技术，通过改变扫描光栅的栅距、相位等生成不同相位的等高条纹图像，便于计算机处理。影像莫尔法是将基准光栅投影到被测人体表面，通过同一栅板观察人体，从而形成干涉条纹。投影莫尔法则利用光源将基准栅经过聚光镜投影到被测人体表面，经人体表面调制后的栅线与观察点处的参考栅相互干涉，从而形成条纹。

Wicks 和 Wilson Limited 生产的 Triform 扫描仪采用白光作为光源，用改进的莫尔轮廓技术捕获被测人体的表面形状，可在 12 s 内扫描得到一个包含 150 万个点的人体立体彩色点云图。

## （四）白光相位法

该方法的基本原理是采用白光照明，光栅经过光学投影装置投影到被测人体表面上，由于人体表面形状的凹凸不平，光栅图像产生畸变并带有人体表面的轮廓信息，用摄像机把变形后的相移光栅图像摄入计算机内，经系统处理，计算得到畸变光栅的相位分布图，即可获得被测人体表面的三维数据点。

美国的 TC² 是该方法的典型代表，通过在不到 12 s 的时间内对人体 40 万个点的扫描，迅速获得与服装相关的 100 个左右的人体尺寸，可以全面、精确地反映人体体型。

## 二、人体扫描点云数据处理技术

基于人体扫描技术的数字化服装设计生产包含以下几个重要步骤：数据获取、数据处理、人体建模、三维服装设计、三维虚拟缝合、虚拟试衣和敏捷制造。其中，数据获取非常关键，是人体建模和三维服装设计的基础。根据数据获取方式的不同，可得到不同的原始人体数据，相应的数据处理和人体表面重建方法也各不相同。目前，主要采用三维人体扫描系统作为数据输入设备，通过快速扫描人体，可产生几十万到几百万个人体数据点，即人体点云。人体点云虽然能表达人体表面的一些特征，但往往包含大量多余的信息，如噪声点、孔洞等，重建人体模型前必须进行有效处理。

### （一）扫描点云类型

点云是空间中数据点的集合。根据人体点云中点的分布特征，可将其分为以下几类。

（1）扫描线点云：由一组与扫描平面平行的扫描线组成，每条线上的点都位于扫描平面内。如图 2-4 所示，扫描线点云沿扫描方向非常密集，而扫描线之间相对比较稀疏。

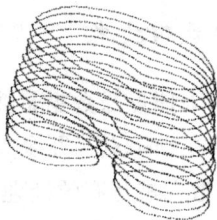

图 2-4　扫描线点云

（2）散乱点云：点云没有明显的几何形状特征和拓扑结构，呈散乱无序状态，如图2-5所示，由激光、结构光等在随机扫描的方式下测得的点云为该类型。

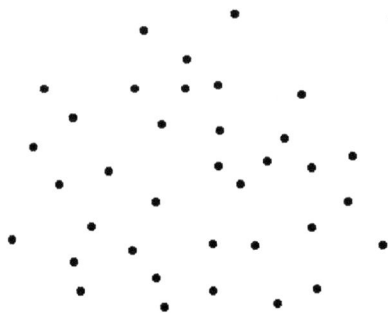

图2-5 散乱点云

（3）网格化点云：经CMM、莫尔等高线测量、投影光栅测量系统等获得的数据经过网格插值后得到的点云为网格化点云（图2-6）。网格化点云含有点云间的拓扑关系。

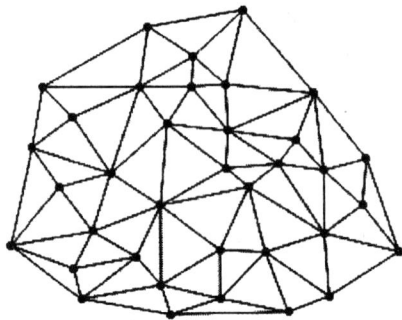

图2-6 网格化点云

## （二）人体扫描点云数据处理技术

由三维人体扫描系统获得的人体点云数据量非常庞大，且通常是多视角下的点云数据，数据中不可避免地存在噪声点、冗余点和孔洞等，在进行人体建模等后续操作之前，必须对人体点云数据进行有效处理。

（1）点云降噪与平滑：受扫描设备、扫描环境、扫描误差、标定算法以及人为因素等影响，人体扫描点云中的部分数据可能与实际人体对应位置存在偏差。

这些点属于噪声数据，将直接影响人体建模的质量。

为了解决这一问题，通常需要对点云数据采取降噪处理。常用的方法有高斯滤波法、中值滤波法等，其中高斯滤波法能较好地保持原始点云数据的形貌，中值滤波法则在消除点云数据的毛刺方面效果较好。

数据平滑对滤除噪声数据有一定的正面作用，但也会破坏数据的尖锐性，使边缘失去锐化效果，给特征提取等后续工作带来不利影响。

（2）点云数据精简：真实人体表面通常含有丰富的细节，得到的点云模型往往非常复杂，为了后续建模需要，必须选择合适的方法将点云简化到适当的程度。最常用的是采样法，即设定一定的采样规则对点云数据进行采样，未被采样的数据点将被删除。常见的采样算法有以下几种。

①均匀采样法：假设扫描人体有 $n$ 个数据点，设置采样率 $m$（$m < n$），根据数据点的存储顺序，每隔（$m-1$）个点保留一个点，其余点都被删除。从本质上讲，对有序数据，均匀采样法就是等间距采样法；对无序数据，均匀采样法就是随机采样法。

均匀采样法无须搜索数据点的邻域，因此处理速度很快，但其受扫描法和点云存储方式的影响，性能不太稳定。

②倍率缩减法：根据给定的点数进行简化，在每一次遍历中，需要遍历所有点的邻域，并去除相距最近的两个点中的一个，达到设定的数目时算法停止。由于遍历次数多，因此算法的复杂度很高且精简效率较低。

③栅格法：栅格法是一种基于几何信息的三维算法，它以初始栅格数和法矢背离容限为控制参数，利用八叉树将点云划分成若干个栅格，计算每个栅格中所有点的法矢的平均值，并把与平均值最接近的点作为采样点。该方法简化后的点集接近均匀分布，与均匀采样和倍率缩减相似。对于密集且较平坦的点云，栅格法效果较好。

④弦偏离法：弦偏离法采用极限弦偏离值 $v$ 和最大弦长 $l$ 作为控制参数，在最大弦长 $l$ 内，所有弦偏离值小于 $v$ 的数据点都将被忽略，即只有达到最大弦长 $l$ 的点或弦偏离不小于 $v$ 的点才会被保留。

如果 $v$ 和 $l$ 值设置合适，它还能有效地采样到扫描方向的边界线和轮廓线。但该方法只能应用于顺序排列的数据，对于散乱点云，相邻三点的弦偏离值或弦长往往都会超出 $v$ 或 $l$，因此几乎所有点都将被采样，无法达到数据精简的目的。

（3）孔洞修补：在人体扫描过程中，有些部位（如腋下、裆部等）由于遮挡而成为扫描盲区，人体点云中会出现孔洞。同时，与地面平行的部位（如头顶、肩部、脚等部位）在扫描过程中往往会被漏扫，造成部分点云数据的缺失而形成孔洞，人体表面重建前必须对这些孔洞进行修补。

可通过局部补测的方法对漏扫部位和盲区进行修补，也可采用一定的算法分析孔洞与现存部分的关系，并根据这种关系对孔洞进行合理的修补。目前，点云数据孔洞修补的方法主要有以下几种：①抛物线切向延拓法。该方法的缺点是如果孔洞区域较大，则精度不易保证，误差较大。②BP神经网络修补法。该方法通过对神经网络的训练可有效实现对孔洞数据的修补，但网络训练过程缓慢，处理速度较低。③遗传算法结合神经网络算法。该方法采用遗传算法与神经网络相结合的方式有效提高了修补数据的生成精度。④拟合方法。该方法可应用于具有复杂曲面形状的点云，但只适用于点云数据在孔洞内部及孔洞周围没有剧烈曲率变化的情况，在实际应用中有一定局限性。⑤基于核机器的回归修补方法。该方法通过对孔洞中待修补点的邻域色彩数据做回归，得到待修补点的色彩回归值，然后用回归值对应的色彩进行填充，完成对孔洞的修补。

## 三、三维人体建模技术

近年来，三维人体建模已成为计算机图形学领域研究的热点之一，在三维服装CAD、虚拟试衣和三维人体动画等领域都面临着如何解决三维人体建模的问题。

人体表面是一个复杂的曲面，应根据不同需求选择合适的方法进行人体建模。应用于虚拟试衣系统的人体建模方法主要有三种：基于软件的人体建模、基于三维扫描的人体建模和基于人体照片信息的人体建模。

### （一）基于建模软件的人体建模

基于建模软件的人体建模主要根据人体体型特征，利用通用建模软件3Ds Max、Maya等构建标准化三维人体模型，同时应用参数修改的方法对试衣系统自带的人体模型进行修改、调整，获得与特定人体接近的个性化三维人体模型。人体模型可根据应用场合存储成不同格式以方便后期调用。

每个人体都需要重新构建，因此应用软件进行人体建模仅适合于小规模的人体模型构建，且对操作者的操作技巧、软件熟练程度有一定要求。

### （二）基于三维扫描技术的人体建模

基于三维扫描技术的人体建模主要利用三维人体扫描设备扫描人体获得人体表面的点云数据，再通过对点云数据进行降噪、精简、孔洞修补、表面重建等构建个性化的三维人体模型。应用该方法构建的三维人体模型精确、应用场合广，但数据处理算法复杂、建模耗时。由于扫描获得的数据量庞大，对其进行表面重建需经过一系列的数据处理。重建方法包括构建人体曲面模型、构建实体模型和基于物理的人体模型等。

（1）曲面模型：曲面模型是用顶点、边、表面三种拓扑元素及其相互间的拓扑关系来表示和建立人体模型，是计算机图形学中最活跃、最关键的学科之一。与线框模型相比，人体曲面模型中的几何拓扑关系更加完备一些，能提供三维人体的表面信息，可以进行消隐和真实感三维人体模型的显示。但是，曲面模型没有定义人体模型的实心部分，因此不能对其进行剖面操作。

目前，对曲面模型的研究主要分两方面：一是曲线曲面的设计方法、表示和建模显示等；二是与曲线曲面相关的研究，如多视拼接、光顺去噪、孔洞修补、求交、过渡等。常用的曲面建模方法主要有三角曲面片逼近法、参数曲面建模等。

①三角曲面片逼近法：该方法将人体表面用多个小三角片表示，有效解决了表面复杂、形状和边界不规则的人体几何造型问题，简化了三维人体模型的显示、分析和计算。三角曲面片划分得越多，精度越高，人体表面越平滑。

②参数曲面建模：1971 年，法国学者 P. Bezier 提出了贝塞尔曲面的概念，使由控制点及控制多边形生成曲面成为可能。设计者只需移动控制顶点就可以方便地修改曲面的形状，并且形状变化完全在预料之中，但是控制点位置的移动也对其他部分的曲面产生影响，不具有局部控制的特性，在复杂的人体曲面建模过程中存在着拼接方面的困难。

为了解决 Bezier 曲面局部修改的问题，1972 年 De Boor 提出了 B 样条曲面算法，与构造 Bezier 曲面的方法类似，只是其基函数采用了 B 样条基函数。B 样条不但继承了 Bezier 方法的优点，而且具有独特的局部特性，能方便地对 B 样条曲面进行局部修改，但是 B 样条曲面也存在不足之处，即当顶点分布不均匀时，难以获得理想的曲面。

非均匀有理 B 样条（NURBS）曲面克服了 B 样条曲面的缺点，获得了较快的发展和应用。它通过调整控制顶点和权因子改变曲面的形状可以精确地表示规则曲面，因此更有利于曲面形状的控制和修改。1991 年，国际标准化组织（ISO）颁布的工业产品数据交换标准 STEP 把 NURBS 作为定义工业产品几何形状的唯一数学方法。

（2）实体模型：20 世纪 70 年代末发展起来的实体建模技术增加了三维人体模型实心部分的表达，使信息更加完备，得到了无二义性的人体描述。实体模型提供了人体的几何和拓扑信息，具有局部控制效应，可以实现人体的消隐、真实感的人体模型的显示。但此模型的数据量大，计算耗时，对硬件的要求比较高。目前，实体建模方法中对人体的表达主要有以下 3 种方式：

①基于体素分解的方式：该方法将人体层层分解表示成一簇基本体素的集合。该方法简单易行，但它只是人体的近似表达，不能反映人体的宏观几何特征。另外，体素间的集合运算涉及面与面之间的交运算，容易造成体素之间拓扑关系的混乱而出现奇异情况。

②构造实体几何：该方法通过简单形体如圆柱体、椭球体、球体等的交、差、并等集合的运算来表达人体外形。该方法能清晰地表达人体的构造过程，直观地描述人体的几何特征。但是，该方法存在着多种构造人体的表达方案，并且表达的人体模型不够逼真，很难显示人体的动态特征，计算量大、稳定性差等问题时有发生。

③多面体建模：该方法先要构造一个多面体，然后对多面体的顶点、边、面进行局部修改而构造与实体外形相似的多面体，通过类似于磨光处理的方式来生成自由曲面的控制顶点，并用参数曲面进行拟合，拼接成所需的形状。该方法可以灵活地进行人体形状的设计。

（3）基于物理的建模：线框模型、曲面模型和实体模型主要描述的是人体的外部几何特征，对人体本身所具有的物理特征和人体所处的外部环境因素缺乏描述。基于物理的建模方法弥补了以上三种建模方法的不足，在建模过程中引入人体自身的物理信息和人体所处的外部环境因素及时间变量能获得更加真实的建模效果，并对人体的动态过程进行有效的描述。但是，该建模过程多采用微分方程组的形式表达，与前三种方法相比，计算要复杂得多。

三种表面重建方法如表 2-1 所示。

表2-1　三种人体表面重建方法比较

| 重建方法 | 优　点 | 缺　点 |
|---|---|---|
| 曲面模型 | 有曲面度，能实现消隐和明暗处理并具有局部控制特点 | 有时产生二义性，结构复杂，对硬件要求较高，运行速度较慢 |
| 实体模型 | 无二义性，可剖面操作，能实现消隐并具有局部控制特点 | 结构复杂，数据量大，对硬件要求高，运行速度较慢 |
| 物理模型 | 引入人体的物理信息及其所处的外部环境因素及时间变量，能获得更加真实的建模效果 | 计算复杂，数据量大，对硬件要求高，运行速度较慢 |

### （三）基于人体照片信息的三维人体建模

该方法使用数码设备拍摄人体正、背、侧面的二维图像，再将图像信息输入系统中。系统采用一定的算法进行图像处理，基于人体特征提取人体主要的尺寸信息，通过提取人体轮廓线、截面线、特征尺寸等快速生成三维个性化人体模型。

该方法涉及的主要技术有针对人体照片信息的人体特征元素提取方法、人体二维尺寸信息与三维尺寸信息的转换、基于人体特征尺寸和特征曲线的三维人体模型构建等。

## 第三节　三维虚拟试衣技术与虚拟缝合技术

### 一、三维虚拟试衣技术

近年来，随着人们对服装时尚性、个性化的要求愈来愈高，服装设计师对立体裁剪的推崇以及计算机技术的飞速发展和软硬件性价比的大幅度提高使实现三维服装虚拟试衣成为开发商和用户共同关注的热点。但由于技术还不够成熟，三维虚拟试衣系统的几个重要技术领域仍处于研究阶段。其研究热点主要在以下几个方面。①三维人体测量与人体建模：三维人体测量和人体建模技术是实现三维服装 CAD 技术和虚拟试衣技术的前提和基础。通过三维人体扫描系统快速获取人体表面数据信息进行人体表面重建，一方面为服装设计生产建立基础人体尺寸数据库和号型库，另一方面通过建立标准化人体模型或者个性化人体模型开展三维服装设计及三维服装展示。目前，基于光学原理的三维人体扫描技术已经基本成熟，但精确高效的人体建模技术仍然处于研究探索阶段。②三维服装设计：采用人体建模方法构建个性化或标准化人体模型。设计人员在人体模型上模拟立体裁剪的方式进行三维服装设计，再应用服装 CAD 对服装裁片进行二维展开，同时可利用光照、纹理映射等模拟三维服装的真实效果。目前，三维服装的二维裁片已经展开，但 3D 与 2D 的转化问题仍然是服装 CAD 技术领域的研究热点和难点。③三维服装虚拟展示：静态展示，即将设计好的 2D 裁片在三维人体上进行自动缝合并展示三维试衣效果，进行三维面料填充及效果展示，也可做多角度旋转展示试衣效果。动态展示，即将设计好的服装"穿"在虚拟模特的身上进行虚拟的动态时装表演。目前，三维服装虚拟展示（试衣）存在真实感效果差、服装 2D 与 3D 转化不佳、三维服装建模不理想等诸多技术瓶颈。

## （一）服装虚拟模拟技术

早期的服装虚拟模拟技术主要是服装的二维展示，即先用照相机等成像设备将穿着服装的模特拍摄下来，利用图像处理技术将不同款式的服装组合在一起，包括对图片进行轮廓提取、剪切、组合、旋转等。

与虚拟服装的二维展示相比，它的三维虚拟模拟技术就相对复杂多了，其最终要达到的目标是服装三维建模（几何模型或物理模型），然后将服装虚拟地"穿"到人体模型上，观察服装的静态和动态效果，同时与消费者进行一定程度的交互。

B. Lafleur 等人用圆锥曲面来模拟裙子并穿在人体模型上，并采用在模型周围生成排斥力场的方式对裙子与人体模特进行碰撞检测。

Hinds 等人利用数字化仪扫描人台获取人台点云数据，通过曲面拟合构建数字化人台模型，然后在数字化人台上进行三维服装设计以及二维裁片的展开。

之后，很多学者开始对基于物理的服装建模进行大量研究：Weil 通过曲面变形构建了服装物理模型；Kunii 和 Godota 使用几何与物理的混合模型实现了对服装褶皱的模拟；Aono 使用一种弹性模型的方法模拟了手帕上褶皱的动态形成；Terzopoulos 等人建立了一种通用的弹性模型并将它应用到服装的悬垂模拟中，他们使用 Raleigh 的瑞利分布函数模型精确模拟了服装的摆动，并实现了通过服装与周围环境的碰撞检测解决服装"穿越"其他物体的问题。

同时，大批学者开始对服装虚拟模拟过程中的碰撞检测算法进行研究。为了防止服装在悬垂、试穿等过程中"穿越"人体模型，必须采用一定的算法对服装与周围环境尤其是人体模型进行碰撞检测。但是，碰撞检测涉及的被检测元素很多，计算量很大，因此必须选择高效率的碰撞检测算法来提高服装实时模拟过程中的效率问题。

另外，许多研究人员对二维裁片的三维虚拟缝合技术展开了研究。通过服装 CAD 系统打版得到 2D 裁片，然后构建 2D 虚拟模型，在计算机环境中通过施加缝合力将 2D 裁片缝合成 3D 服装，并"穿"在人体模型上，随后观察它的穿着效果。这种方式不失为一种可行的三维服装模拟方式，因为在服装工业中 2D 服装 CAD 系统已经十分成熟并被大规模应用，并且在实际服装生产中也是通过对衣片缝纫加工来生产服装的。

## （二）三维虚拟试衣技术

随着互联网技术的大规模普及，网络购物的快速发展以及消费者对服装的个性化、高质量的呼声越来越高，三维服装虚拟试衣已成为当前服装数字化领域的研究焦点。

1. 主要研究领域

无论是静态展示还是动态展示，三维虚拟试衣过程中都涉及服装与人体模型结合的问题，目前主要通过两种途径实现。

（1）缝合试衣（2D 裁片虚拟缝合）：该方法通过将 2D 裁片在虚拟人体模型上进行缝合实现 2D 裁片向三维服装的转换，其试衣方案和缝合与试衣过程如图 2-7、图 2-8 所示。

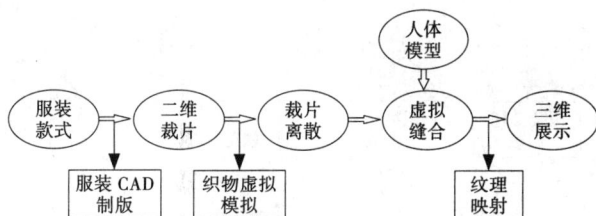

图 2-7　缝合试衣方案

图 2-8　缝合与试衣过程

利用服装 CAD 系统设计服装纸样，建立服装纸样库。系统根据人体模型尺寸调用合适的纸样，通过裁片离散、缝合信息设置等在人体模型上将 2D 裁片缝合成三维服装。通过施加重力等各种外力实现服装悬垂、褶皱效果。通过纹理映射技术，实现三维服装真实感显示。

（2）匹配试衣（服装模型与人体模型特征匹配）：该方法主要是建立虚拟服装模型，利用特征匹配功能将服装"穿"在人体模型上。其试衣方案和匹配试衣过程如图 2-9、图 2-10 所示。

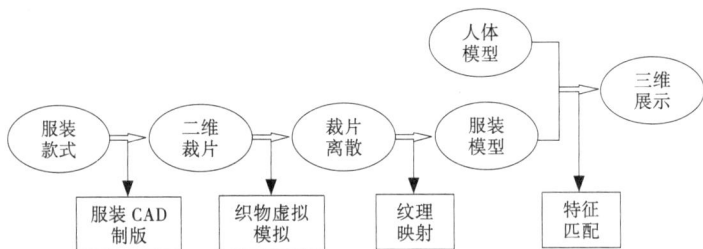

图 2-9　匹配试衣方案

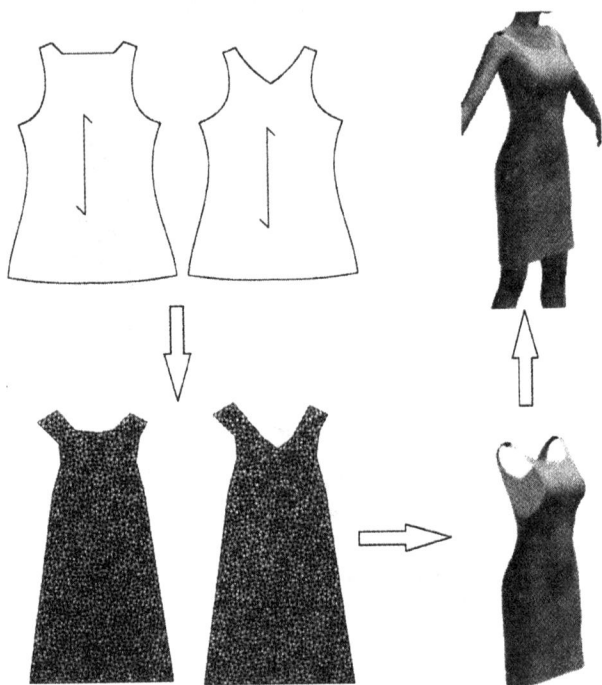

图 2-10　匹配试衣过程

利用物理建模方法构建三维服装模型，通过纹理映射、光照技术等实现三维服装的真实感显示。利用服装与人体特征点、特征线的对应关系，通过特征匹配实现三维服装的着装效果。

2.研究应用现状

（1）单机版试衣系统。

①德国艾斯特（Assyst）系统：艾斯特系统能模拟三维立体效果进行服装结构图和面料的设计，还有400多种数据库供选择打版、描版和修版，能进行量身打版、多种放码和全自动打版。

②德国弗劳恩霍夫学会的科学家及其研究小组开发了一个虚拟试衣软件。其试衣过程主要利用手持式三维扫描仪对人体进行扫描，通过系统软件处理快速构建人体模型。然后，消费者可根据销售商提供的服装目录选择服装款式进行"试穿"，结合交互操作，通过鼠标控制人体模型完成举手弯腰等动作，同时可以查看服装穿着的合体程度。

③香港理工大学纺织及制衣学系的研究员利用半年多时间成功开发出一款智能试衣系统。该系统利用无线射频识别（RFID）技术识别试衣间或试衣镜前的服装，顾客只要把挂有RFID卷标的服装带到试衣间或试衣镜前，透过射频识别，液晶显示屏就会显示店铺内其他可搭配的服装。顾客在屏幕上选定心仪的服装后，系统会实时地将数据传送至店内售货员的网络系统中。

（2）网络版试衣系统：随着电子商务技术的发展及其大规模的普及与应用，网上购物已成为越来越多人的选择。如何在网络虚拟环境中让消费者看到相对真实的三维服装穿着效果成为目前研究的热点。一些大型服装企业开发了基于网络的三维试衣系统及网上试衣间：

① H&M服装公司推出了网上试衣间服务。消费者可登录www.hm.com进入该公司的美国网站，选择试衣间，还可根据自己的喜好选择网站预设的标准模特或者根据自身体型修改模特。选好后，消费者注册进入"我的模特"，通过确认后可以将所有H&M正在销售的服装在模特身上进行试穿。完成试衣后，消费者可以打印服装款式及试衣效果，去实体店购买服装。

②试衣网站（MVM）主要为消费者提供服装销售、家庭装饰、形体健美等服务，并以基于人体测量技术进行的网上试衣服务为主。网站的服装销售与很多著名服装品牌的网站建立了链接。消费者点击进入每个品牌的试衣界面后会出现一个虚拟的标准模特，这时消费者可以通过选择体型、外貌等特征并根据自身体型数据修改、构建与自己体型相近的人体模型。人体模型构建完成后，消费者可选

择不同的服装款式进行试穿，并可以通过自由搭配服装的色彩和款式查看服装的整体穿着效果。试衣系统通过比较服装尺寸与人体的体型尺寸给出消费者穿着服装的号型建议。

③ E-Tailor 项目由欧洲 17 家公司参与，是基于数字化服装技术的电子商务模式的典型代表。该项目应用三维人体扫描技术、服装 CAD 技术和电子商务技术构建了一个基于大规模量体定制技术的电子商务平台，面向顾客提供虚拟购物、个性化的定制服装等高附加值服务，大大提高了企业的生产效率，降低了企业的运营成本，增强了企业的竞争力。

此项目所涉及的核心技术包括以下几个部分：欧洲人体测量数据库和自动人体测量技术、量身定制服装库、虚拟商店库。

（3）体感交互试衣系统：近几年，随着计算机技术和传感器技术的发展，体感交互计算机技术成为研究热点。体感交互是指"使用者通过人体姿态来控制计算机"。从人类行为学可知，人类最自然的交流是肢体交流，肢体的交流方式先于人类语言的诞生。从现代计算机行业发展来看，计算机的操控越来越简单化、人性化。因此，体感交互是未来计算机交互方式的必然趋势。体感交互系统在体育、军事训练以及娱乐游戏领域均得到了一定的发展，使训练和游戏体验更具真实感。目前，微软、谷歌、英特尔等公司都在体感交互及人机交互技术上投入较多。

随着 3D 试衣技术及其需求的发展，有科研单位开始研发体感试衣系统（3D 体感试衣镜），即通过深度体感器和高清摄像机采集人体视频图像并计算出人体的各种数据，将制作好的服装模型穿在人体的视频图像上，人站在设备前的感应区内，通过手势识别将服装自由搭配的效果直观地显示在大屏幕上，实现智能穿衣、试衣、换衣功能。使用者只需站在 3D 体感试衣镜前挥挥手，设备就将自动锁定人体骨骼大小，同时显示器展示出新衣试穿的效果，并且能看到衣随人动的效果。顾客还可以选择不同的上装、下装、配饰等进行时尚搭配，系统会根据消费者的需求给出合理的搭配意见。

## 二、三维服装虚拟缝合技术

在三维服装生成及虚拟试衣过程中，服装 2D 裁片的生成与虚拟缝合是其关键技术。在该过程中，服装 2D 裁片通过虚拟缝合形成三维服装的初始形态，通过交互式操作处理对三维服装形态进行再造型，并利用织物纹理映射技术实现服装的真实感显示，与三维人体模型结合，在虚拟缝合过程中合理处理碰撞体间的碰撞检测问题，实现三维虚拟试衣效果。国内外很多科研机构和研究学者开展了三维虚拟缝合与试衣的相关技术及理论的研究。

　　瑞士 Miralab 实验室开发的 MIRACloth 软件使用弹性变形模型将服装曲面离散化为质点系，并通过求解质点系空间运动的微分方程从时间序列上获取系统的演变过程。该方法重点研究织物的动态模拟，主要通过引入外力约束控制 2D 裁片到三维服装的虚拟缝合过程。整个系统由服装纸样设计、裁片与虚拟人体模型之间的空间位置、虚拟缝合、面料形变、面料属性的定义和样板的修正等部分组成。

　　Okabe 等采用能量方法将 2D 裁片映射到三维人体模型上，形成接合的服装刚性曲面，将织物的力学特征转化为能量方程。该方法以人体模型为约束，以空间各点能量最小进行大变形预测来获取平衡状态下三维服装的形态，适合表现三维服装的静态效果。

　　Vassilev 与 Larnder 采用经典的质点—弹簧模型对人体模型三维着装进行研究。该模型对织物机械属性的描述简单明了，但要求织物按经纬方向进行四边网格划分，给复杂服装的缝制带来了一定的困难。Fan 等提出了基于质点—弹簧变形模型的 2D 到 3D 映射算法，并考虑了碰撞检测问题。

　　Cordier 等人提出了基于网络的 Etailor 应用，该应用主要借助 3D 图形技术创建和模拟虚拟商店，实现了在线实时的虚拟缝合与展示。

　　国内相关院校和科研机构也在三维服装虚拟缝合技术领域做了大量研究，包括浙江大学 CAD & CG 国家重点实验室、东华大学服装学院、中山大学计算机应用研究所、香港理工大学纺织与制衣学系等。它们的研究成果各具特色，但研究思路基本都是通过构建质点—弹簧模型模拟面料及服装。

　　综上所述，三维服装虚拟缝合过程涉及 2D 裁片设计与网格剖分、2D 裁片虚拟模拟、模型运动求解、缝合过程控制、碰撞检测及碰撞响应等多项关键技术。

# 第三章　数字化服装技术的发展与应用

## 第一节　数字化服装技术与产业的发展现状

当前，贸易的全球化发展使全世界的服装生产和供应企业都处在同一产业链中竞争，对信息的收集、交流、反应和决策的应对成为企业竞争能力强弱的关键因素。在这一背景下，我国服装企业的信息化建设已成为企业的当务之急。数字化服装产业是以数字化信息为基础平台，以计算机技术和网络技术为依托，通过对服装设计、生产管理、销售等环节中信息的收集、整合、应用实现服装企业资源的最优化配置。

服装行业是我国传统劳动密集型行业，生产管理仍沿用传统管理模式。从事服装行业的员工大多文化水平偏低，习惯于人工操作及经验管理方式，对先进的技术和管理有抵触心理。总体来看，我国生产型服装企业正面临以下严峻的挑战：①利润率持续降低；②订单交货期已缩短到 10～30 天之内；③多品种、小批量的趋势日益明显；④客户对产品的质量、质量的稳定性以及交货率要求越来越高；⑤原材料成本以及生产成本增高；⑥原辅材料质量、工艺水平和质量标准越来越高；⑦随着配额的取消，全球化的竞争趋势越来越明显；⑧劳动力成本增高。

许多服装企业仍然存在着企业管理制度流于形式、凭借经验和记忆进行生产管理的现象，执行力极差，企业一直在如何加强规范管理、降低管理成本、降低管理人员频繁流动所造成的损失方面不断探索。现代的企业管理应该是数字化、规范化、标准化的管理，生产管理情况应该用数字说明。实行数字化管理不仅能够提高管理效率，还能够更客观地考核员工的生产业绩。但是，数字含水量高的现象又是企业的通病，要真正做到减少工作量、减少重复的工作，杜绝因中间环节的人为操作造成的虚报、瞒报现象，就必须有一套完整的、智能的综合管理系统进行生产管理及数字统计分析，把数据及生产管理情况直观地呈现给管理者，及时为管理者的决策提供依据。

随着全球经济一体化的发展，服装行业将面对市场全球化、国内劳动力成本上涨、品牌的作用进一步加强的市场环境，时尚流行和中西文化的差异日益明显。在经过了产品产量、产品质量、生产成本的竞争之后，对市场反应能力的强弱已经成为评价企业竞争力的标准，对市场快速反应的能力的核心就是数字化和信息化。为此，服装产业必须利用数字化和信息化作为先进的生产力，在服装产品形成的各个环节中进行技术创新，及时运用流行趋势提升品牌价值，提高产品质量，提高生产效率，提升对市场反应的速度，确保在市场竞争中占有绝对优势。采用服装 CIMS（计算机集成制造系统）可以改变服装企业的设计方式、制造方式、营销方式，集服装 VSD、服装 CAD、产品数据管理系统（PDM）、计算机辅助工艺设计（CAPP）、计算机辅助制造（CAM）、ERP 和企业管理、网络营销为一体，实现快速反应。服装品牌和技术创新的核心就在于服装企业对数字化和信息化进程的理解和把握。

## 一、我国服装企业数字化技术应用现状

近年来，我国服装产业在技术创新和数字化信息技术方面有了很大的发展，但总体上仍处于初级发展阶段。

制约我国服装产业数字化信息应用发展的主要因素有以下几个方面：①缺乏具有服装专业知识的数字化和信息化人才；②信息化软件系统缺乏对不同层次服装企业的个性化服务；③服装企业运作模式和信息化需求与信息化软件不相匹配；④政府对正版软件权益的保护不够；⑤服装企业的基础素质制约了数字化和信息化的发展；⑥服装教育没有按照服装企业的用人需求培养所需的专业人才；⑦三维数字化服装设计技术滞后；⑧数字化和信息化软件缺乏行业监管和行业自律；⑨软件专业化程度低，性价比低；⑩服装企业决策层对服装数字化和信息化建设的认识不够。

### （一）服装设计和生产数字化应用现状

#### 1. 服装款式设计

据不完全统计，目前沿海发达地区的服装企业，70% 用 CorelDRAW、Photoshop、Illustrator 等平面设计软件进行服装款式设计。这些二维平面设计软件能够进行图纸设计、辅助线设置；能够进行定位，绘制制图线条，进行任何直线、曲线的

变形；能够进行数据标注，因而可以用来进行数字化服装制图，推进服装教学的数字化进程。由于二维平面设计软件具有其显著的应用广泛性和经济性，因此能够最大限度地在大部分中小服装企业中推广应用，开辟服装款式制图数字化的新途径。

2. 服装样板设计、推板、排料

目前，我国约有服装生产企业 6 万家，而使用服装 CAD 的企业仅有 3 万家左右，也就是说我国服装 CAD 的市场普及率仅在 50% 左右。甚至有专家认为，由于我国服装企业两极分化较严重，有的企业可能拥有数套服装 CAD 系统，有的则可能从来没有过，所以真正使用服装 CAD 系统的企业数量可能比这个数据更少。

目前，约有 15 家供应商活跃在中国服装 CAD 市场上，而在中国 3 万余家使用服装 CAD 的企业中，国产服装 CAD 企业占了近 4/5 的市场份额。服装 CAD 充分利用计算机图形学、数据库、网络的高新技术，并与设计师的完美构思、创新能力、经验知识完美结合，降低了生产成本，减少了工作负荷，提高了设计质量，大大缩短了服装从设计到投产的过程。越来越多的服装企业采用 CAD 系统完成样板设计、推版、排料等工作。

3. 三维试衣

随着我国计算机技术和经济社会的发展，人们对服装的质量、合体性、个性化的要求越来越高，现有的二维服装 CAD 技术已经不能满足纺织服装产业的应用要求，服装 CAD 迫切需要由目前的平面设计发展到立体三维设计。因此，近年来，国内外均在三维服装 VSD、虚拟仿真服装设计等方面开展理论研究和实践应用。

服装 VSD 三维试衣系统的开发和应用之所以比较滞后，是因为服装不像机械、电子行业等固态产品，服装的质地是柔性的，会随着外界条件而发生改变，因此模拟难度很大，特别是服装 VSD 要实现从二维到三维的转化需要解决织物质感及动感的表现、三维重建、逼真灵活的曲面造型等技术问题以及从三维服装设计模型转换生成二维平面样板的技术问题。这些问题导致三维服装 VSD 的开发周期较长，技术难度较大。

服装 VSD 与二维 CAD 的区别：服装 VSD 是在三维人体测量建立的人体数据模型基础上，对模型进行交互式三维立体设计，然后再生成二维的服装样板。服装 VSD 主要是要解决人体三维尺寸模型的建立及局部修改、三维服装原型设计、三维服装面料覆盖、色彩浓淡处理、三维服装效果显示等问题。

服装 VSD 的基础是三维人体测量。目前，三维人体测量系统在国外已经商品化，其技术已经较为成熟，其中法、美、日等国利用自然光光栅原理，分别用 40 ms、10 s、1.8 s 即可完成三维人体数据的测量。国际上常用的三维人体测量技术一般都是非接触式的，通过光敏设备捕捉投射到人体表面的光在人体上形成的图像，然后通过计算机处理图像，描述人体的三维特征。三维人体测量系统具有测量时间短、获取数据量大等多种优于传统测量技术的特点。

目前，服装的批量生产所依据的服装号型不能准确反映人群的体型特征，因此国内外都在建立各类人群的人体数据库，通过有针对性地对大量不同肤色、不同地区、不同年龄、不同身高的各类人群进行三维人体测量，收集人体的各项体型尺寸数据，建立数据库，为制定服装规格、号型提供基础数据。

三维人体测量通过获取的关键人体几何参数数据生成虚拟的三维人体，建立静态和动态的人体模型，形成一整套具有虚拟人体显示和动态模拟功能的系统。服装 VSD 在此基础上生成了服装面料的立体效果，可以在屏幕上逼真地呈现穿着效果的三维彩色图像及将立体设计近似地展开为平面样板。

服装 VSD 基础上的三维设计逐渐向智能化、物性分析、动态仿真方向发展；参数化设计向变量化和超变量化方向发展；三维线框造型、曲面造型及实体造型向特征造型以及语义特征造型等方向发展；组件开发技术的研究应用还为 CAD 系统的开放性及功能自由拼装的实现提供了基础。

将三维服装设计模型转换生成二维平面样板涉及把复杂的空间曲面展开为平面的技术，这是由服装材料的柔性、平面性决定的，也是服装 VSD 的难点。国内外学者做了多项研究工作，得到了复杂曲面展开的多种方法，有许多方法已应用在实践中。

目前，我国只有部分大型服装企业和一些服装院校使用服装 VSD 进行三维试衣开发与研究。

### 4. 自动化辅助生产系统

服装生产属于劳动密集型生产，而生产过程是流水式作业。从原料布料开始，到裁剪、打样、车缝、整烫等，每个岗位都需要很多工人来作业。尤其是车缝部门，每台缝纫机或其他设备都需要一个工人完成一道工序，如前片、后片、袖子等。如何对生产过程进行控制，控制生产质量，是每个服装企业都面临的问题。

为此，一些大型女装、男装企业开始利用自动拉布机、自动裁床、自动开袋机、自动缉袖机、自动整烫设备、吊挂生产系统等先进的设备进行自动流水线建设。服装自动流水线系统按照控制方法可分为机械控制和计算机控制，在现代生产中多采用后者。因为每个工位都是按照生产节拍进行规定工序的缝制加工，所以一个工位是组成系统的基本单元。整个服装吊挂系统的生产、管理由计算机控制，管理人员通过设置计算机上的参数实现衣片的按工位传送和各工位间的实时调节与控制。服装吊挂系统的计算机控制将各工位自动化缝制的断流、缝制工段到整烫工段的断流、整烫工段各工位的断流、整烫工段到服装成品物流配送的断流都进行了信息的直接联结，所以服装吊挂系统是服装企业实现信息化制造不可缺少的设备，没有它，企业信息化就没有了通道。

### （二）服装营销数字化应用现状

服装 ERP 是服装数字化营销管理的一个最有效的工具。服装行业具有不同于机械制造等行业的特点，其体系结构是建立在服装产品本身的生产与市场的发展规律基础上的，同时其不同的细分行业在生产流程、技术上存在很大的差异。不同企业的生产制造环节不同，而且企业在生产经营管理过程中面临的问题多种多样，解决不同环节难题的迫切程度也存在很大差距。因此，不同企业厂情差异大、企业生产的个性化特点强等现实因素，在应用服装 ERP 时必须创造性地构建符合本企业实际的特色 ERP 体系，明确企业信息化需求，因地制宜，坚持适"度"而行，"整体规划，分步实施"。但认为服装 ERP 的特色化、本土化应用就要放弃服装 ERP 先进的管理思想，绝对是认识上的误区。服装 ERP 是一种企业管理的理念、原理和方法，这一点是企业应用服装 ERP 要认识到的。服装 ERP 应用软件是集成了服装 ERP 的核心理念、原理、方法以及先进企业管理实践的、支持企业运营的工具，对服装 ERP 的基本管理理念、原理和方法的认识的深浅将直接影响服装 ERP 在企业管理实践中的应用效果。

## 二、我国数字化服装产业的发展趋势和前景

数字化和信息化是推动我国服装产业结构调整和实现技术升级的最有效工具，同时使传统服装产业的生产过程实现集成化、快速反应是数字化服装的发展趋势和目标。

### （一）建立现代服装企业管理模式和商业模式

应通过信息化管理手段促使服装商业模式变革，同时要将先进的经营管理理念和信息化建设相融合。数字信息化技术应用可以完善组织结构，优化业务流程，提升经济效益，建立现代服装企业管理模式和商业模式。

## （二）服装 VSD 商业化应用

服装 VSD 是以人体测量为基础，利用数字化虚拟仿真技术，通过人体扫描仪精准地获取全部尺寸以及三维人体曲面形态，通过基于形状分析的计算几何方法对三维人体进行自动测量，得到设计和加工定制服装所需的尺寸，再通过服装 VSD 系统绘制二维服装样板，然后将二维服装样板进行三维虚拟试衣，使用户在服装生产前即可获得其外观形态、款式、色彩等信息，同时对版型不合理的地方，可以通过服装 VSD 系统进行二维样板与三维虚拟成衣同步联动修改。

服装 VSD 系统在国内已经有多年的研究和应用历史。国内有多家服装企业通过使用微思服装 VSD 系统大大缩短了产品设计开发的时间。更值得一提的是，可以通过网络开新产品订货会，不必等到成衣订货会时才能让客户看到样衣，可以直接通过服装 VSD 系统将三维虚拟成衣通过电子邮件发给客户。服装 VSD 为网上传输定制和计算机集成制造提供了技术支撑，将带动整个服装产业的技术升级。

## （三）网络数字化服装技术发展

基于服装 VSD 技术的发展和服装 NAD 技术的发展，人们还可以进入网络的虚拟空间选购时装，任意挑选、搭配、试穿，最终达到理想的效果。

服装企业可以根据自身情况将服装 CAD、CAM、VSD、NAD 技术与管理信息技术（MIS）、柔性制造技术（FMS）、客户关系管理（CRM）、供应链管理（SCM）、ERP 等系统组成一个服装计算机集成制造系统（CIMS）。CIMS 可以加快服装企业的信息化建设，促进服装企业管理模式、组织结构、商业模式的完善及业务流程模式的优化，以数字信息化为手段，整合并优化产业链，全面提升企业的综合竞争实力，以此带动整个服装产业的升级。

## （四）服装网络电子商务发展

服装电子商务作为服装企业的营销手段之一，由于它的经济性和便捷性，越来越受到服装企业的重视。近年来，随着信息技术的发展和全国范围的网络普及，电子商务因其特有的跨越时空的便利性、低廉的成本和广泛的传播性在我国取得了极大的发展。作为电子商务中坚力量之一的服装电子商务的异军突起标志着一种新兴的服装商务模式的产生。在服装电子商务取得长足进步的同时，有必要对我国服装电子商务的现状和趋势进行分析，加深对服装电子商务的认识和理解，并认清服装电子商务的发展方向。

服装电子商务可提供网上交易和管理等全过程的服务，因此它具有广告宣传、咨询洽谈、网上订购、网上支付、电子账户、服务传递、意见征询、交易管理等功能。

（1）服装电子商务将传统的商务流程电子化、数字化，一方面以电子流代替实物流，可以大量减少人力、物力，降低了成本；另一方面，突破了时间和空间的限制，使交易活动可以在任何时间、任何地点进行，大大提高了效率。

（2）服装电子商务具有开放性和全球性的特点，为企业创造了更多的贸易机会。

（3）服装电子商务使企业可以以较低的成本进入全球电子化市场，使中小企业有可能拥有和大企业一样的信息资源，提高了中小企业的竞争能力。

（4）服装电子商务重新定义了传统的流通模式，减少了中间环节，使生产者和消费者的直接交易成为可能，在一定程度上改变了整个社会经济运行的方式。

（5）服装电子商务一方面突破了时空的壁垒，另一方面又提供了丰富的信息资源，为各种社会经济要素的重新组合提供了更多的可能。这将影响到社会的经济布局和结构。

（6）服装电子商务对现代物流业的发展起着至关重要的作用。电子商务为物流企业提供了良好的运作平台，大大节约了社会总交易成本。

（7）服装电子商务将改变人们的消费方式。网上购物的最大特征是消费者的主导性，购物意愿掌握在消费者手中，同时消费者能以一种轻松自由的、自我服务的方式完成交易，消费者主权可以在网络购物中充分体现出来。

（8）服装电子商务是 Internet 爆炸式发展的直接产物，是网络技术应用的全新发展方向。Internet 本身所具有的开放性、全球性、低成本、高效率的特点也成为服装电子商务的内在特征，并使服装电子商务大大超越了作为一种新的贸易形式所具有的价值。它不仅会改变企业本身的生产、经营、管理活动，还将影响整个社会的经济运行与结构。

总而言之，作为一种商务活动，服装电子商务将带来一场史无前例的革命，其对社会经济的影响远远超过商务本身。除了上述这些影响外，它还将对就业、法律制度以及文化教育等带来巨大的影响，会将人类带入信息社会。

### 三、数字化服装设计与管理是服装产业发展的必然趋势

随着全球经济一体化进程的加快，市场竞争越来越激烈，如何运用信息网络技术实现数字化、信息化管理，已成为企业亟待解决的问题。数字化服装设计与管理将成为服装产业发展的必然趋势。目前，数字化信息技术在我国服装产业的应用还处于发展阶段，还存在很多技术上的问题急需解决，甚至还有很多不理想

的问题和不能满足实际需求的问题，需要在发展的过程中不断地进行技术改进。任何一项技术的传播都不是一朝一夕能够完成的，它建立在人们对它的认识和了解的基础之上，是一个较长的应用和发展的过程。因此，数字化服装设计与管理的普及和推广将是我国服装产业发展的长期任务。

现今，服装先进制造技术应理解为传统制造技术、信息技术、计算机技术、自动化技术与管理科学等多学科先进技术的综合，并应用于服装制造工程之中形成一个完整体系。它的总趋势是向精密化、柔性化、网络化、虚拟化、智能化、清洁化、集成化、信息全球化的方向发展。

传统的服装商业形式是"企业生产服装—商场售卖服装—消费者购买服装"，现在由于网络经济的来临，进、销、存的直接管理形式将使传统商业形式逐步消失，热闹的服装批发市场、服装城、服装贸易中心等将会逐步被网上虚拟的超市、商店代替。

社会发展对服装制造技术提出了更高的需求，要求其具有更加快速和灵活的市场响应、更高的产品质量、更低的成本和能源消耗以及良好的环保特性。这些需求促使传统服装制造业在21世纪向现代制造业发展。

# 第二节　数字化服装技术的应用

## 一、虚拟服装设计

虚拟服装展示设计改变了传统服装设计方法，利用计算机技术和交互技术可以实现服装面料和服饰的三维数字化设计和互动展示。虚拟服装设计使用3D虚拟交互技术可以模拟样衣的制作过程和模特的试衣效果，设计师利用构建的面料库可以设计各种款式的服装，并实时浏览模特的着装效果，从而大大缩短了成衣的生产周期和设计成本。由于面料结构的复杂性以及诸多外力的影响，面料的三维真实感模拟变得十分复杂，在虚拟环境中保持面料材质的真实感也对展示系统的设计和实现提出了更高要求。

### （一）虚拟现实技术

虚拟现实技术（virtual reality，VR）又称"灵境技术"，最早是由美国人兰尼尔（Jaron Lanier）提出的。他是这样定义的："用计算机技术生成一个逼真的三维视觉、听觉、触觉或嗅觉等感观世界，让用户可以从自己的视点出发，利用自然的技能和某些设备对这一生成的虚拟世界客体进行浏览和交互考察。"虚拟现实技术是在20世纪90年代开始被科学界和工程界关注的技术，它的兴起为人机交互界面的发展开创了新的研究领域；为智能工程的应用提供了新的界面工具；为各类工程的大规模数据可视化提供了新的描述方法。这种技术的特点在于使计算机产生一种人为虚拟的环境，这种虚拟的环境是通过计算机图形构成的三维空间，是把其他现实环境编制到计算机中产生逼真的"虚拟环境"，从而使用户在视觉上产生一种真实环境的感觉。这种技术的应用改进了人们利用计算机进行多工程数据处理的方式，尤其是对大量抽象数据进行处理；同时，它的应用可以带来巨大的经济效益。

虚拟现实是计算机模拟的三维环境，是一种可以创建和体验虚拟世界的计算机系统。虚拟环境是由计算机生成的，通过人的视觉、听觉、触觉等作用于用户，使之产生身临其境的感觉。它是一门涉及计算机、图像处理与模式识别、语音和音响处理、人工智能技术、传感与测量、仿真、微电子等的综合集成技术。用户可以通过计算机进入这个环境并操纵系统中的对象与之交互。

虚拟现实技术包含以下几个方面的特点：

（1）多感知性：虚拟现实技术除了一般计算机技术所具有的视觉感知外，还有听觉感知、力觉感知、触觉感知、运动感知，甚至包括味觉感知、嗅觉感知等。理想的虚拟现实技术应该具有一切人所具有的感知功能。由于相关技术特别是传感技术的限制，目前虚拟现实技术具有的感知功能仅限于视觉、听觉、力觉、触觉、运动等几种。

（2）浸没感：计算机产生一种人为虚拟的环境，这种虚拟的环境是将通过计算机图形构成的三维数字模型编制到计算机中产生逼真的"虚拟环境"，从而使用户在视觉上产生沉浸于虚拟环境的感觉。

（3）交互性：虚拟现实与通常CAD系统产生的模型以及传统的三维动画是不一样的，它不是一个静态的世界，而是一个开放、互动的环境。虚拟现实环境可以通过控制与监视装置影响使用者或被使用者。

（4）想象性：虚拟现实不仅是一个演示媒体，还是一个设计工具。它以视觉形式反映了设计者的思想，把设计构思变成看得见的虚拟物体和环境，将以往只能借助图纸、沙盘的设计模式提升到数字化的"所看即所得"的完美境界，大大提高了设计和规划的质量与效率。

美国是VR技术的发源地，其VR的水平代表着国际VR发展的水平。目前，美国在该领域的基础研究主要集中在感知、用户界面、后台软件和硬件四个方面。在当前实用虚拟现实技术的研究与开发中，日本是居于领先水平的国家之一，主要致力建立大规模 VR 知识库的研究，另外在研究虚拟现实的游戏方面也做了很多工作。

在欧洲，英国的 VR 开发，特别是在分布并行处理、辅助设备（包括触觉反馈）设计和应用研究方面是领先的。到 1991 年底，英国已有从事 VR 的六个主要中心。

我国 VR 技术与一些发达国家相比还有一定的差距，但已经引起政府有关部门和科学家的高度重视。根据我国的国情，制订了开展 VR 技术研究的相关计划，如"九五"规划、国家自然科学基金会、国家高技术研究发展计划等都把 VR 列为研究项目。北京航空航天大学计算机系是国内最早进行 VR 研究的单位之一，他们先进行了一些基础知识方面的研究，并着重研究了虚拟环境中物体物理特性的表示与处理；他们在虚拟现实的视觉接口方面开发出了部分硬件，并提出了相关算法及实现方法，实现了分布式虚拟环境网络设计。他们还建立了网上虚拟现实研究论坛以及三维动态数据库，为飞行员训练的虚拟现实系统以及开发虚拟现实应用系统提供了虚拟现实演示环境的开发平台。浙江大学 CAD & CG 国家重点实验室开发出了一套桌面型虚拟建筑环境实时漫游系统。该系统采用层面叠加的绘制技术和预消隐技术实现了立体视觉，同时提供了方便的交互工具，使整个系统的实时性和画面的真实感都达到了较高的水平。四川大学计算机学院开发了一套基于 OpenGL 的三维图形引擎 Object3D。该系统实现了在微机上使用 Visual C++5.0 语言，其主要特征是采用面向对象机制与建模工具相结合，对用户屏蔽一些底层图形操作；支持常用的三维图形显示技术，如 LOD 等，支持动态剪裁技术，保持高效率。哈尔滨工业大学计算机系已成功地虚拟出了人的高级行为中特定人脸图像的合成、表情的合成和唇动的合成等，且正在研究人说话时头势和手势动作、话音和语调的向步等。

## （二）虚拟服装设计

虚拟服装设计是虚拟真实模型，是计算机电子技术对面料的仿真利用，是服装设计师、计算机电子技术和动画技术最理想的结合。虚拟服装设计被广泛用于三维时装设计及服装工业、三维电影、电视、计算机广告特效制作等领域。美国已出现很多虚拟服装设计网站，它们利用网络进行在线设计，即让顾客与设计师共同利用三维人体模型进行三维服装设计，并进行 3D-2D 衣片展开，缝合后穿戴在三维人体模型上。通过观察三维服装的运动模拟和仿真效果，设计师可以直观地观察服装设计效果。如果对设计结果不满意，可马上在二维或三维空间进行衣片形状和材料的修改。从某种程度上虚拟服装设计也能显示面料垂悬感和机械性能，同时让顾客看到其穿着效果，满意后可立即购买。

目前，虚拟服装设计主要应用于网上试衣间。通过网站终端，利用上述三维技术，消费者只要将自己身体的必要数据（如身高、胸围、腰围、臀围、年龄和所选服装类型等信息）输入网站，网站就可根据人体体型分类方法计算出顾客的形体特征，试穿上顾客所选款式。这样顾客就能在自己的终端看到服装穿着的静态效果和动态效果，可以任意选择最适合、最满意的服装产品。

## 二、三维人体测量技术

人体测量是通过测量人体各部位尺寸确定个体和群体之间在人体尺寸上的差别，用以研究人的形态特征，从而为产品设计、人体工程、人类学、医学等领域的研究提供人体体型资料。在服装行业中，作为服装人体工学的重要分支，人体测量是十分重要的基础性工作。

首先，人体测量为服装的合体性提供了基础数据支持，这些数据将支持我国大规模人体数据库的建立，为服装号型标准的制定提供依据。

其次，人体测量为服装功能性研究提供依据。例如，服装对人体体表的压迫度、伴随运动产生的体型变化及皮肤的伸缩等会直接影响人体着装的舒适性，因此必须依赖于精确的人体尺寸数据。

传统的人体测量使用软尺、测高仪、角度计、测距计、手动操作的连杆式三维数字化仪等作为主要测量工具，依据测量基准对人体进行接触测量，可以直接获得较细致的人体数据，因此在服装业中被长期使用。但这些方法都属于接触式测量，在被测者的舒适性与测量的精确度方面还存在许多问题。例如，异性接触测量、疲劳测量会对测量工作造成影响；人体是弹性活体，传统的手工接触式测量很难获得真实准确的数据，且测量时容易受被测者和测量者的主观影响而产生误差。同时，传统的测量方法无法进行更深入的研究，亦不利于计算机对人体的三维模拟，从而对人体测量的信息化产生了影响。此外，现有手工测量人体尺寸的方式也无法快速准确地进行大量人体的测量，这不仅阻碍了服装工业的顺利发展和成衣率的提升，还不利于快速准确地制定服装号型标准。

纵观当前世界服装业的发展，服装结构从平面裁剪向立体裁剪转型，设计由二维向三维发展，定制服装的发展已成为世界服装业发展的重要趋势，服装设计的立体化、个性化和时装化成为当今的潮流，合身裁剪的概念已成为新一代服装供应的指导性策略。服装业要增强自身竞争力，必须走向合身裁剪，因此准确、快速的三维人体测量就显得尤为重要。

### （一）三维人体测量的主要方法

近 20 年来，美国、英国、德国、法国和日本等服装业发达的国家都相继研制了一系列的测量系统。其中，有代表性的有以下几个：

（1）英国的拉夫堡大学的人体影子扫描仪 LASS 是以三角测量学为基础的电脑自动化三维测量系统。被测者站在一个可 360° 旋转的平台上，背景光源穿过轴心的垂直面射到人体上，用一组摄像机同时对人体进行摄影，通过人体表面光线的横切面形状及大小转化的曲线计算人体模型。

（2）法国的 SYMCAD、Turbo Flash/3D 是 Telmat 的三维人体扫描系统。其扫描系统由一个小的用光照亮墙壁的封闭房间、一个摄像机和一个计算机组成。被测对象进入房间后脱去衣服，只穿内衣站在照亮的墙壁前，系统拍摄被测对象的三个不同姿势：手臂稍微地离开身体面向摄像机、侧向摄像机笔直站立和面向墙壁，在形成的图像上进行扫描、计算后，能产生 70 个精确的人体尺寸。该系统测量数据可以和服装 CAD 系统结合使用。

（3）美国纺织服装技术公司的白光相位测量法（PMP），利用白光光源投射的正弦曲线与影像合并而得到全面人体三维形态。该公司使用相位测量面（PMP）技术生产了一系列的扫描仪，如 2T4、2T4S 等。每个系统使用 6 个静止的表面传感器，单个传感器可以捕获人体表面片段范围的信号，扫描时间不足 6 s，当所有的传感器组合起来，就形成一个可用于服装生产的身体关键性区域的混合表面。

（4）Triform Body Scanner 是英国 Wicks 和 Wilson 有限公司的非接触三维图像捕捉系统，是利用卤素灯泡作为光源的白光扫描系统。被测者根据自己的意愿穿着薄型合体服装或者内衣，然后一系列带波纹的白光束投射到被测者身上，摄像机捕捉多个人体图像，并将其转化为三维的有色点阵云，看起来像物体的照片。

（5）美国的 Hamamatsu 人体线性扫描系统（BL）使用红外发射二极管得到扫描数据。这一系统利用较少的标记便可以提取三维人体数据，并且错漏的数据较少。光源从发射镜头以脉冲的形式产生，经物体反射后，最后由探测器镜头收集。探测器镜头是圆柱形镜头和球形透镜的组合，能在位敏探测器（PSD）上产生一片光柱，用于确定大量像素的中心位置。人体尺寸由一个特殊的尺寸装置从三维点云中析取。

（6）美国 Cyberware 公司的全身彩色 3D 扫描仪主要由 Digi Size 软件系统（Models WB4 和 Model WBX）构成，能够测量、排列、分析、存储、管理扫描数据。扫描时间只需几秒到十几秒，整个扫描参数的设置及扫描过程全部由软件控制。这种方法是将一束光从激光二极管发射到被扫描体表面，然后使用一个镜面组合从两个位置同时取景。从一个角度取景时，激光条纹因物体的形状改变而产生形变，传感器记录这些形变并产生人体的数字图像。当扫描头沿着扫描高度空间上下移动时，定位在四个扫描头内的照相机记录人体表面信息。最后将每个扫描头得到的分离数据文件在软件中合并，产生一个全方位的 RGB 彩色人体图像，即可用三角测量法得到相关数据。

（7）Tecmath 是一家以德国为基地的科研公司，致力人体模拟、数字化媒体的研究。它开发了一个全自动非接触式的测量运算方法，以获取人体测量数据。这种三维人体扫描机是便携式的，可以摄取人体的不同姿势，特制摄像机则放在四支二极管激光绕射光源前面，准确度在 1 cm 以内。经电脑检测的数据也可输送到电脑辅助设计系统，用于合身纸样的自动生成。

（8）Voxelan 是 Hamano 的一种用安全激光扫描人体的非接触式光学三维扫描系统。它最初由日本的 NKK 研制，1990 年由 Hamano 工程有限公司转接。还有 Voxelan：HEV-1800HSV 用于全身人体测量；Voxelan：HEC-300DS 用于表面描述；Voxelan：HEV-50S 用于测量缩量。它们可以提供非常精确的信息，分辨率范围从相对于全身的 0.8 mm 到对相对缩量的 0.02 mm。

（9）法国的 Lectra 公司专为服装行业研制开发的 Vitus Smart 三维人体扫描仪由四个柱子的模块系统组成，每个柱子上有 2 个 CCD 照相机和 1 个激光器。扫描时，人体以正常的向上姿势站立，系统捕捉人体表面，并在电脑内产生一个高度精确的三维图像，被称为被扫描人的"数码双胞胎"。根据所需的解决方案，扫描时间可以在 8 ～ 20 s 内调整完成。

（10）采用固定光源技术的 Cubi Cam 人体三维扫描系统是由香港理工大学纺织与制衣学系研制的，其运用的大范围光学设计能够在较短距离内获取高分辨率的图像。这种扫描系统在普通室内光源环境下就能进行操作，所以特别适合服装行业，且获取图像的时间不足 1 s，因此它又特别适合扫描人体尤其是孩子。和其他光学方法所具有的局限性一样，它需要一种白色的光滑表面来进行人体自动测量。

以上这些系统大多基于三维人体扫描技术，其工作原理都是以非接触的光学测量为基础，使用视觉设备捕获人体外形，然后通过系统软件提取扫描数据（图 3-1）。其工作流程分为以下四个步骤：①通过机械运动的光源照射扫描物体；②通过 CCD 摄像头探测来自扫描物体的反射图像；③通过反射图像计算人与摄像头的距离；④通过软件系统转换距离数据产生三维图像。

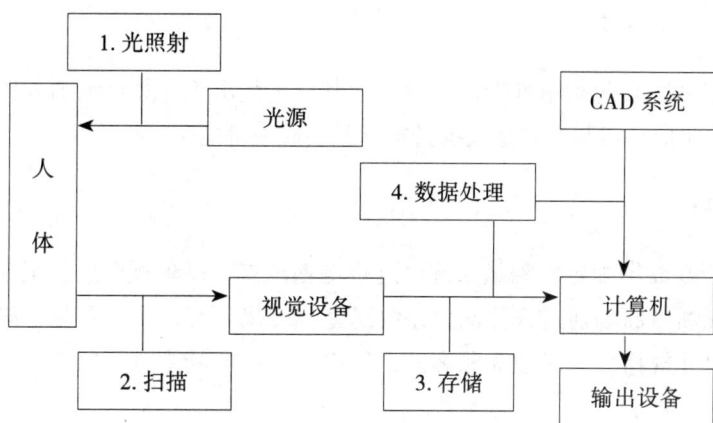

**图 3-1 三维人体扫描系统的工作原理**

为了使人体测量数据捕捉过程可视化，其系统需要多个光源和视频捕获设备、软件系统、计算机系统和监视屏幕等，有的还需要暗室操作，因此由这些方法研制的量体系统往往结构复杂、体积庞大、成本较高、安装复杂、占用空间大，故只在很少地方使用。

我国在 20 世纪 80 年代中后期开始在一些高等院校和研究所进行这方面的研究，主要有中国人民解放军总后军需装备研究所和北京服装学院共同研制的人体尺寸测量系统，西安交通大学激光与红外应用研究所的光电人体尺寸测量及服装设计系统，长庚大学等院校和企业联合进行的非接触式人体测量技术和台湾人体数据库的研究，天津工业大学研制的便携式非接触式量体系统，等等。但是，这些系统存在结构庞大复杂、数据采集与计算量很大、标定过程烦琐等缺点，同时操作不便、成本较高和准确性差使这些系统在商业化推广中受到严重限制。

## （二）三维人体测量技术的应用

### 1. 大规模人体体型普查

使用传统的测量方法进行人体体型普查效率较低，同时由于传统测量方法各方面的弊端，使测量精度较低，进而影响统计分析结果的可靠性。采用计算机辅助测量系统，可准确、快捷地获取人体各结构部位的尺寸。

2. 量身定制服装

量身定制服装包括单件定制和批量定制。正是由于计算机辅助人体测量技术的出现，才使量身定制尤其是大批量定制服装成为可能。

3. 电脑试衣

大型服装商场配置的测量系统可进行电脑试衣，避免顾客反复试衣、反复挑选服装的麻烦。商场通过人体测量系统迅速测量出顾客的尺寸数据，确定顾客所穿服装的尺寸规格，同时建立顾客的三维模型，在电脑中进行服装试穿，直到顾客满意为止。

4. 三维服装计算机辅助设计（CAD）的基础

目前二维服装 CAD 技术相对成熟，三维服装 CAD 技术正在研制开发中。其中，三维人体测量技术是三维服装 CAD 技术的研究基础。

## （三）发展三维人体测量的重要意义

### 1. 三维人体测量技术的产生与发展提高了人体测量的精准性

服装合体性包括人体长、宽、厚的三维合体性，如工业和教学用的人台就是通过对大量人体的观察、计测、体型分类和比例推算而得。不同的人体体型存在很大的差异。以成年女性为例，即使在胸围、腰围、臀围等基本尺寸相同的条件下，也可能会有完全不同的体型，如在人体姿态、脊背曲线、臀位高低、胸部形状、腿型等方面都会有差异。传统的接触式测量无法识别人体体态变化，如曲线、线条的形状走势等，因此无法满足服装生产的合体要求。非接触测量在这一点上占据优势，它可以通过扫描图像识别得到人体表面的三维空间数据，满足上述要求。

### 2. 三维人体测量更加适应现代化服装工业发展的步伐

当今，对于服装和纺织行业来说，CAD 和计算机辅助生产（CAM）这两个术语已成为变革的代名词。20 世纪 70 年代以来，计算机技术在改进生产流程方面发挥了重要作用。近年来，服装行业利用 CAD/CAM 技术，又开始探索产品设计与展示的新方法。当今服装市场对品种、质量及款式方面的要求越来越高，为此每个服装企业都力求对这一市场需求做出快速的反应，而互联网（Internet）、产品数据管理（PDM）、网络数据库、电子商务等新技术的飞速发展将改变现有服装设计的生产方式以及运营模式，使实现快速服装个性化定制成为可能。

最初的量身定制源自"custom-made"，也称手缝制服，在保证服装的合体性和舒适性的前提下，满足了消费者的个性化要求，但消费群体始终是小部分人群。而工业化度身定制系统（made-to-measure，MTM）能够弥补这方面的空缺，将服装产品重组以及服装生产过程重组转化为批量生产，有机地结合了"custom-made"的适体与"ready-to-wear"低成本的优势。其具体生产方式是由三维人体测量获得个体三维尺寸，通过电子订单传输到生产部CAD系统，自动生成样板，进入裁床形成衣片，最终进入吊挂缝制生产系统。对客户而言，所得到的服装是定制的、个性化的；对生产厂家而言，是采用批量生产方式制造成熟的产品。因此，MTM生产方式解决了成衣个性化与加工工艺工业化的矛盾，成为最适应时代发展的服装业运行新模式。MTM生产以高效、营销和服务为手段追求最低生产成本，用足够多的变化和定制化使用户服装实现个性化，最终使企业快速、柔性地实现企业供应链间的竞争。MTM的生产流程如图3-2所示。

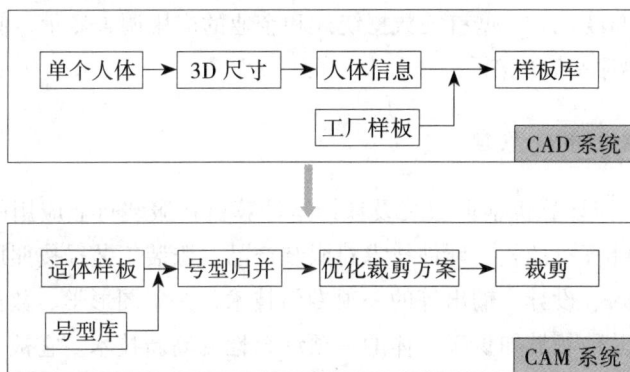

图3-2　MTM生产流程

3.基于三维人体测量的三维服装CAD在服装设计、生产与销售等各个环节中都显示出前所未有的潜力

在服装设计方面，三维服装CAD根据人体测量数据模拟出人体，在虚拟人台或人体模型基础上进行交互式立体设计，结合人模用线勾勒出服装的外形和结构线并填充面料，使服装设计更直观、更切合主题。同时，三维服装CAD可虚拟展示着装状态，模拟不同材质面料的性能（悬垂效果等），实现虚拟的购物试穿过程。

在服装结构设计与生产方面，由自动人体测量系统获得的客户的精确尺码数据，通过网络传输到服装 CAD 系统，系统再根据相应的尺码数据和客户对服装款式的选择，在样板库中找到相应的匹配的样板最终进行快速生产。例如，德国 Tech Math 公司的 Fitnet 软件系统从获取数据到衣片完成、输出最短仅需 8 s。

在服装展示方面，应用模型动画模拟时装发布会进行网上时装表演减少了表演费用。时装发布会的网络传输使更多的人能够观赏，对传播时尚信息也有非常重要的作用。

三维人体测量弥补了传统手工人体测量的不足，为三维服装 CAD 技术——从三维人体建模、三维服装设计、三维裁剪缝合到三维服装虚拟展示的全过程提供了基础数据支持。

### 三、计算机辅助服装设计

服装 CAD 是在计算机应用基础上发展起来的一项高新技术。传统服装设计为手工操作、效率低、重复量大，而 CAD 借助电脑的高速计算及储存量大等优点，使设计效率大幅度提高。据有关数据统计和企业的应用调查显示，使用服装 CAD 比手工操作效率提高 20 倍。

#### （一）CAD 系统原理

服装 CAD 即计算机辅助服装设计，是计算机在服装行业应用的一个重要方面，也是利用计算机的软、硬件技术对服装产品、服装工艺，按照服装设计的基本要求进行输入、设计、输出等的一项专门技术，是集图形学、数据库、网络通信等计算机及其他领域知识于一体的一项综合性的高新技术。它被人们称为艺术和计算机科学交叉的边缘学科。服装 CAD 系统由软件和硬件两部分组成。

软件系统包括：

（1）设计系统。例如，服装款式设计、服装面料设计、服装色彩搭配、服饰配件设计等。

（2）出样系统。运用结构设计原理在电脑上出纸样。

（3）放码系统。运用放码原理在电脑上放码。

（4）排料系统。确定门幅，设置好排料方案，在电脑上进行自动或半自动排料。

硬件系统包括：

（1）计算机。对主机的配置要求不是很高，一般配置就可以。

（2）显示器。显示器是人机对话的主要工具。

（3）数字化仪。把手工做好的纸样通过数字化仪输入到电脑中去。数字化仪是将图形的连续模拟量转换为离散的数字量的装置，是在专业应用领域中一种用途非常广泛的图形输入设备。它由电磁感应板、游标和相应的电子电路组成，能根据坐标值将各种图形准确地输入电脑，并通过屏幕显示出来。

（4）绘图仪。图形输出设备。把做好的纸样、放好码的纸样或者排料图，按照比例需要绘制出来，供裁剪工序使用。

（5）自动切割机。把做好的纸样按照需要的比例用硬纸板自动切割出来。

（6）打印机。把设计好的款式效果图或者缩小比例的纸样图、放码图、排料图打印出来。

## （二）服装 CAD 系统在板房中的应用

板房是服装企业的重要技术部门之一。它既要对上游的设计部门负责，制作出与设计师的设计完全一致的样衣，又要对下游的生产部门负责，制作出批量生产中号型齐全的服装工业样板。一般来说，板房的基本职责包含两大部分：制版和车版，即完成纸样绘制和样品制作。根据企业实际情况往往分为头板（初板、开发板）、二板（头板的修改板）、大板（经过头板和二板修改后的正确样板）、产前板（大货生产前的确认板）、跳码板（大货产前的齐码或者选码板）和大货板（用于大货生产的样板）等，比较重要的是头板、二板、大板和大货板。

头板打版的工作流程如图 3-3 所示。二板、大板的工作流程如图 3-4 所示。大货板如包括产前板、跳码板的工作流程如图 3-5 所示。

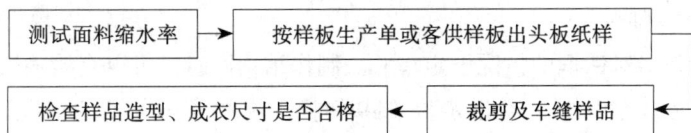

图 3-3　头板工作流程

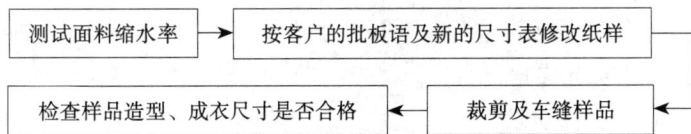

图 3-4　二板工作流程

```
┌──────────────────┐        ┌──────────────────────────┐
│   测试面料缩水率  │───────>│   按大货生产单尺寸表修改纸样 │
└──────────────────┘        └──────────────────────────┘
                                          │
┌──────────────────────────┐   ┌──────────────────────────┐
│ 按客户要求裁剪及缝制所需要的尺码板 │<──│  按客户提供的全码尺寸表放码  │
└──────────────────────────┘   └──────────────────────────┘
       │
┌──────────────────────────┐   ┌──────────────────────────────────┐
│  检查及量度缝制好的跳码板   │──>│ 按跳码板尺寸修正放码纸样并交给裁床排唛架 │
└──────────────────────────┘   └──────────────────────────────────┘
```

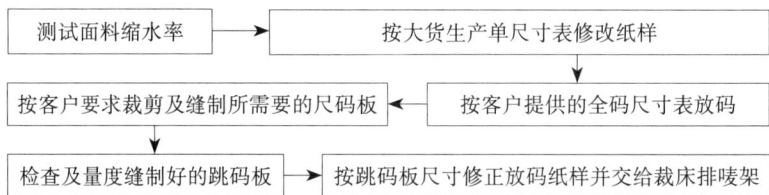

图 3-5　大货板工作流程

传统服装企业的板房工作强度大、信息化程度较低，需要打版师手工打版、车缝样品、放码等。由于在大货生产前要多次修版，各个部门间需要信息共享，所以板房数字化和信息化建设势在必行。随着服装 CAD 技术的普及与应用，规模以上服装企业均配备了服装 CAD 系统，大大降低了板房的劳动强度，提高了工作效率。服装 CAD 系统在企业板房中的应用主要包括开样、放码、排料和纸样的输入输出等。

1. 开样系统（以国内知名品牌富怡研发的 V90 版为例）

纸样的生成有三种方式，介绍如下。

（1）自动打版：软件中存储了大量的纸样库，能轻松修改部位尺寸为订单尺寸，自动放码并生成新的文件，为快速估算用料提供了确切的数据。用户也可自行建立纸样库。

（2）自由设计。

①智能笔的多功能。一支笔中包含了 20 多种功能，一般款式在不切换工具的情况下可一气呵成。

②在不弹出对话框的情况下定尺寸。制作结构图时，可以直接输数据定尺寸，提高了工作效率。比如，就近定位（F9 切换）在线条不剪断的情况下能就近定尺寸。

③自动匹配线段等分点。在线上定位时能自动抓取线段等分点。

④鼠标的滑轮及空格键。随时对结构线、纸样放缩显示或移动纸样。

⑤曲线与直线间的顺滑连接。一段线上有一部分直线、一部分曲线时，连接处能顺滑对接，不会起尖角。

⑥调整时可有弦高显示。

⑦合并调整。能把多组结构线或多个纸样上的线拼合起来调整。

⑧对称调整的联动性。调整对称的一边，另一边也关联调整。

⑨测量。测量的数据能自动刷新。

⑩转省。能同心转省、不同心转省、等份转省、一省转多省，可全省转移，也可按比例转移，转省后省尖可以移动也可以不动。

⑪加褶。有刀褶、工字褶、明褶、暗褶，可平均加褶，可以是全褶也可以是半褶，能在指定线上加直线褶或曲线褶，也可在线上插入一个省褶或多个省褶。

⑫去除余量。对指定线加长或缩短，在指定的位置插入省褶。

⑬螺旋荷叶边。可做头尾等宽螺旋荷叶边，也可做头尾不等宽荷叶边。

⑭角处理。能做等距离圆角与不等距离圆角。

⑮剪纸样。提供填色成样、选线成样、框剪成样等多种成样方式及成空心纸样功能，且形成纸样时缝份可自动生成。

⑯缝份。缝份与纸样边线是关联的，调整边线时缝份自动更新。等量缝份或切角相同的部位可同时设定或修改，特定位置的缝份也是关联的。

⑰剪口的定位或修改。同时在多段线上加距离相等的剪口、在一段线上等份加剪口，剪口的形式多样；在袖子与大身的缝合位置可一次性对剪口位。

⑱自动生成朴、贴。在已有的纸样上自动生成新的朴样、贴样。

⑲工艺图库。软件提供了上百种缝制工艺图，可对其修改尺寸，并可自由移动或旋转放置于适合的部位。

⑳缝迹线、绗缝线。提供了多种直线、曲线类型，可自由组合不同线型。绗缝线可以在单向线与交叉线间选择，夹角能自行设定。

㉑预缩、局部预缩。对相同面料的纸样统一缩水，也可对个别的纸样局部缩水处理。

㉒文件的安全恢复。每一个文件都设有自动备份，如因突发情况文件没有保存，系统也能找回数据。

㉓文件的保密功能。软件能对客户的文件进行保护，即使文件被拷贝也不会被盗用。

㉔ASTM、TIIP、AUTOCAD。软件可输入 ASTM、TIIP、AUTOCAD DXF 文件及输出 ASTM、AUTOCAD DXF 与其他 CAD 进行资源共享。

㉕自定义工具条。界面上显示工具可以自行组合，右键菜单显示工具也可自行设置。

（3）数码纸样导入：用边框定格（约 2 cm/ 格），把纸样用磁铁固定铺平，再用相机拍摄，通过富怡 V9.0 版的 CAD 读取纸样，自动生成 1 ：1 比例纸样。便捷好用，特别适合立体裁剪纸样导入。

## 2. 放码系统

放码系统（grading system）主要完成对工业用纸样的放缩处理，企业中又称样板推档，是以某一规格的服装纸样为基础，对同一款式的服装，按照国家号型标准规定的号型规格系列，有规律地进行放大或缩小得到若干个相似的服装纸样。

计算机辅助放码是在手工放码方法的基础上发展起来的。目前，服装 CAD 软件中的放码方法主要有以下几种.

（1）点放码：是手工放码的常用方法，利用纸样放缩的基本原理针对纸样的放缩点逐点放缩。放码系统要根据实际需要编辑号型，然后选择裁片，根据放码规则逐点放缩。

（2）线放码：在纸样中引入恰当、合理的分割线，然后在其中输入分配量（根据放码量计算得到的分配数）。切开线的位置和切开量的大小是其关键技术。在计算机辅助放码过程中，需要整体掌握裁片的 $x$、$y$ 方向的档差，有选择地输入水平、垂直、平行放码线。

（3）量体放码：通过指定纸样上几个关键尺寸与号型尺寸的对应关系，系统自动算出各码的放缩量。先建立各号型尺寸数据表，再运用量体放码工具对指定位置进行测量。

以上三种方法是计算机辅助放码的常用方法，其中点放码最准确，适合各类型服装的放码。线放码最快捷，适合结构简单、裁片规则的服装的放码。量体放码最简单，适合于裙装和裤装的放码。

## 3. 排料系统

排料系统（marking system）是与企业生产任务结合最紧密的 CAD 模块。排料系统的实施主要依赖于服装裁剪方案的制定。

计算机辅助排料系统是服装 CAD 系统最早开发的模块，有效解决了手工排料效率低下、错误率高和面料利用率低的问题。目前，服装 CAD 排料系统提供多种排料方式，以满足不同类型服装企业的需求。

（1）自动排料：系统按照事先设置的数学计算方法，将裁片逐一放置到优选的位置上，直到把所有待排裁剪纸样排完。该方法克服了自动排料利用率较低、手工排料耗时费力的缺点，系统可以在短时间内完成一个唛架，利用率可达到甚至超过手动排料。自动排料可以避免垂直、水平及混合色差，还可以同一时间几个唛架同时排料，节省时间，提高工作效率，多用于服装生产企业的正式裁剪过程。

（2）手工排料：利用鼠标或键盘拖动待排裁片到优选位置，直到把所有待排纸样排完。手动排料操作简单，用鼠标或快捷键就可完成翻转、吃位、倾斜，但该法耗时费力，很少使用。

（3）人机交互式排料：先利用计算机自动排料，待所有待排裁片排完，再根据情况进行手动调整，直到满意为止。

（4）分段排料：针对切割机分段切割可分段排料。①可跟随先排纸样对条格，也能指定位置对条格，手动、自动排料都能对条格，并检查出纸样间的重叠量。②算料（估料）功能。系统可以精确地算出每一定单的用料（包括用布的长度和重量），并可自动分床（或手工分床），大大降低工厂的成本损耗。③系统能根据不同布料自动分离纸样。

（5）刀模排板：针对用刀模裁剪的排料模式，刀模间可倒插排、交错排、反倒插排、反交错排。

（6）关联：在排好唛架后，纸样有改动时唛架能联动。

### 4. 绘图

（1）输出风格：有绘图、全切、半刀切割的形式。

（2）绘图线型：净样线、毛样线、辅助线等绘制线类型可分开设置。

（3）选页绘图：指定绘制其中的部分唛架。

（4）唛架头：绘图时可在唛架头或尾绘制唛架的详细说明。

（5）绘图前自检：如果唛架上有漏排或同边或非同种面料的纸样，系统能自动检测到。

### 5. 纸样的输入与输出

（1）纸样输入设备：服装 CAD 系统往往采用大型数字化仪和相机作为服装纸样的输入工具，因此大幅面数字化仪是服装 CAD 系统的重要外设之一。应用于服装 CAD 系统的数化仪的规格一般有 A00、A0、A1、A2、A3 和 A4 等，其中 A00 最大，用得较少，多数服装厂（如制服、女装或衬衫厂）主要适用 A0 板，而一些内衣、帽或其他服饰品的企业适用小的数化仪，如 A3 板。因此要根据用户生产的产品类型、纸样大小选配数化仪的规格。

在服装 CAD 系统中输入纸样时，先要把纸样平铺在图形板上，沿纸样的轮廓线移动鼠标，只要将衣片轮廓上各个有代表性的点输入计算机内就可以。再利用鼠标定位器上附加的小键盘，把该点的附加信息（如省尖点、放码点、扣位等）

输入计算机内，这样，在放码软件中就会形成一个完整的纸样，并可对纸样做进一步的修改或放码。相机拍照输入要求相机像素在 1 500 万像素以上，且对摄影的方法也有相应的要求。

（2）纸样输出设备：常用的纸样输出设备包括打印机和绘图仪。打印机主要用于打印报表、尺寸表、规格表和小比例纸样。一般按 1 ∶ 1 输出纸样时往往用绘图仪。绘图仪是一种输出图形的硬拷贝设备，在绘图软件的支持下可绘制出复杂、精确的图形，是各种计算机辅助设计不可缺少的工具。绘图仪的性能指标主要有绘图笔数、图纸尺寸、分辨率、接口形式及绘图语言等。绘图仪一般由驱动电机、插补器、控制电路、绘图台、笔架、机械传动等部分组成，在成套的服装CAD 系统中占有重要的地位。

## 四、计算机辅助工艺计划

计算机辅助工艺计划（CAPP）是现代制造业的重要技术。服装 CAPP 利用计算机技术将服装款式的设计数据转换为制造数据，是连接服装设计系统与制造系统的桥梁，是一种替代人工进行服装工艺设计与管理的技术，是服装企业信息化的重要内容之一。

服装 CAPP 系统（图 3-6）主要由信息输入模块、工艺数据库模块、输出系统模块构成。其中工艺数据库模块是工艺设计的核心，是随服装环境变化而多变的决策过程。

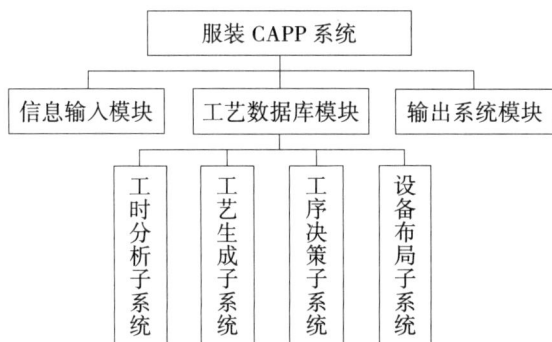

图 3-6　服装 CAPP 系统的模块构成

## （一）服装 CAPP 发展状况

### 1. 第一代 CAPP 系统

从 20 世纪 80 年代开始，CAPP 的研究重点一直是实现工艺设计的自动化。在相当长的时间内，CAPP 系统一直以代替工艺人员的自动化系统为研究目标，强调工艺决策的自动化，开发了若干派生式、创程式以及检索式的 CAPP 系统。这些系统都以利用智能化和专家系统方法自动或半自动编制工艺规程为主要目标。迄今为止，国内外还没有兼具实用性和通用性的真正商品化的自动工艺设计的 CAPP 系统。20 世纪 90 年代中期以来，主流的 CAPP 系统开发者已基本停止了这类系统的研制。

### 2. 第二代 CAPP 系统

20 世纪 90 年代中期开始，CAPP 系统开始以服务顾客，优先解决事务性、管理性工作为理念进行开发。这类系统以解决工艺管理问题为主要目标，在实用性、通用性和商品化等方面取得了突破性进展。第二代 CAPP 系统对企业需求进行了认真分析，并在认真分析顾客需求的基础上，以解决工艺设计中的事务性、管理性工作为首要目标，首先解决工艺设计中资料查找、表格填写、数据计算与分类汇总等烦琐、重复而又适合使用计算机辅助方法的工作。第二代 CAPP 系统将工艺专家的经验、知识集中起来指导工艺设计，为工艺设计人员提供合理的参考工艺方案，但在与 CAD/CAM/ERP 等系统共享信息方面有所局限。

### 3. 第三代 CAPP 系统

1999 年至今，CAPP 系统可以直接由二维或三维 CAD 设计模型获取工艺输入信息，基于知识库和数据库，关键环节采用交互式设计方式并提供参考工艺方案。此类系统在保持解决事务性、管理性工作优点的同时，在更高的层次上致力于加强 CAPP 系统的智能化能力，将 CAPP 技术与系统视为企业信息化集成软件中的一环，为 CAD/CAPP/CAM/PDM 集成提供全面基础。现有的 CAPP 系统在解决事务性、管理性任务的同时，在自动工艺设计和信息化软件系统集成方面也开展了一些工作，如兼容某些典型衣片的派生式工艺设计、基于设计模型可视化的工艺尺寸链分析等工作。

## （二）国内外服装 CAPP 研究现状

在国外一些发达国家，服装 CAPP 技术已应用于众多的服装企业。美国于 20

世纪 90 年代初制定了"无人缝纫 2000"的服装工业改造计划，计划针对传统服装制造业的滑坡现象，强调服装生产的工艺流程高度自动化，提高生产效率和缩短加工周期，以适应日趋激烈的市场竞争。法国力克（Lectra）公司与日本兄弟（Brother）公司联合推出的服装 CAD/CAM/ 计算机集成制造系统（CIMS）BL-100 可以自动编制生产流程、自动控制生产线平衡，并能参照企业现有的设备重新组织生产线和编排新的生产工艺。美国格博公司推出了 IMRACT-900 系统，该系统的工艺分析员可根据确立的设计款式进行工艺分析、工序分解，将作业要素转化为动作要素，利用系统提供的动作要素和标准工时库计算该产品的总工时及劳动成本；并可根据面料的厚度、针迹形态及缝纫长度、设备性能、机器类型计算缝纫线消耗量，记入该产品的原料成本，从而快速准确地完成产品的工序、工时分析及成本分析；还可将此分析结果下传 FMS 系统，为吊挂生产系统提供调度信息，使生产信息达到集成要求。

同国外发达国家相比，我国对服装 CAPP 的研究起步较晚。"八五"期间由国家科委下达了"服装设计加工新技术"攻关计划，后又列入国家"863"高科技发展计划。虽然经过了 20 余年的发展历程，但至今仍是计算机辅助技术领域的薄弱环节，也是企业实施推广 CIMS 的瓶颈所在。近几年，CAPP 的研究开始注重工艺基本数据结构及基本设计功能，如时高服装 CAD/MIS 集成系统基本实现了由 CAD 向 CAPP 的过渡，缩短了接单—工艺文件制作—打板—排料—缝纫工段投产的周期。目前，较为完善的服装 CAPP 系统具备了工艺单的制作、生产线的平衡、生产成本的核算、计件工资的计算等功能，后台有强大的数据库支持，除了制作工艺单常用的资料（如各类国家标准、缝口示意图、设备资源库、各种服装组件图等），还具有典型工艺库、典型工序库，极大地提高了生产效率，同时优化了服装工艺。

## 五、服装产品生命周期管理系统

服装企业的生产特点决定了其生产管理上的复杂性。要应对快节奏的市场变化，加快产品的上市时间，就要组织好与产品相关的各个环节的工作，使之得以高质高效地完成。PLM（product lifecycle management）系统的出现正好有助于解决信息化时代服装企业产品管理数据繁多、难以有效进行管理的问题。

### （一）PLM 系统原理

产品生命周期管理（PLM）系统是帮助企业应对市场竞争、快速推出新产品的管理系统。它是 PDM 与 CAD/CAM 乃至 ERP/SCM 等的集成应用，是一种系统解决方案，旨在解决制造业企业内部以及相关企业之间的产品数据管理和有效流转问题。

PLM是一项企业信息化战略，描述和规定了产品生命周期过程中产品信息的创建、管理、分发和使用的过程与方法，给出了一个信息基础框架集成和管理相关的技术与应用系统，使用户可以在产品生命周期过程中协同地开发、生产和管理产品。产品生命周期原本是一个经济学概念，是美国哈佛大学教授雷蒙德·弗农（Raymond Vernon）于1996年在其《产品生命周期中的国际投资与国际贸易》一文中首次提出的，指一种新产品从开始进入市场到被市场淘汰的整个过程。典型的产品生命周期一般可以分成四个阶段，即培育期、成长期、成熟期和衰退期。

（1）从战略上说，PLM是一个以产品为核心的商业战略。它应用一系列的商业解决方案协同化地支持产品定义信息的生成、管理、分发和使用，从地域上横跨整个企业和供应链，从时间上覆盖从产品的概念阶段一直到其结束使命的全部生命周期。

（2）从数据上说，PLM包含完整的产品定义信息，包括所有机械的、电子的产品数据，也包括软件和文件内容等信息。

（3）从技术上说，PLM结合了一整套技术和最佳实践方法，如产品数据的管理、协作，协同产品商务、视算仿真、企业应用集成、零部件供应管理以及其他业务方案。它沟通了在延伸的产品定义供应链上的所有OEM、转包商、外协厂商、合作伙伴以及客户。

（4）从业务上说，PLM系统能够开拓潜在业务，并且能够整合现在的、未来的技术和方法，以便高效地把创新和盈利的产品推向市场。

服装PLM系统（图3-7）一般分为产品设计、产品数据管理和信息协作三个层次。

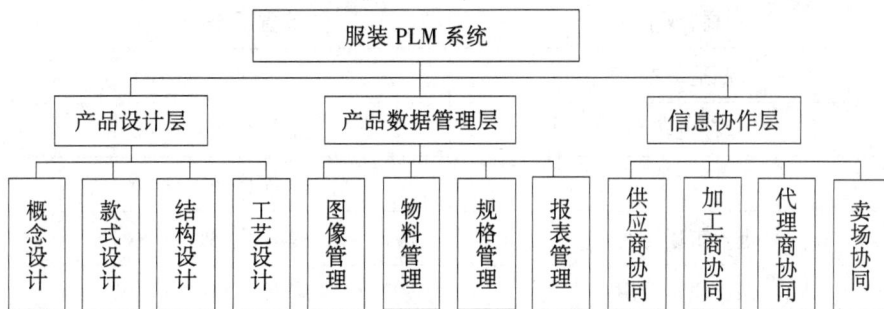

图3-7　服装PLM系统架构

①产品设计层：包括用于概念开发、样板开发、放码排料和3D设计的软件。在产品设计的过程中，产品线规划需要收集并整理从产品概念到产品生产的开发项目，以及所开发产品详细的可视款式和规格信息，如参数和样品等详细资料。

②产品数据管理层：收集并整理设计层信息供其他部门应用。它能够对面料、规格、成本和信息要求、图像管理、工作流程等方面进行控制，并在公司范围内数据共享；维护所有数据库数据，包括技术规格、颜色管理、物料清单和成本计算等；对各类产品及其资料图板、数据和各类报表进行管理。

③信息协作层：有效控制和管理产品供应链上的信息。它主要是工作流程、样品追踪、合作伙伴许可认证以及向零售商、品牌开发商、供应商及工厂发布必要信息时所用的工具的优化集成。

### （二）PLM系统对服装企业的重要意义

PLM系统在服装企业的应用带来一系列的改变，包括缩短产品上市时间、在设计阶段及时发现错误以避免生产阶段昂贵的修改费用、在产品推向市场的过程中减少参与人员的重复劳动、提取产品数据作为新的信息资源等。一些国际知名服装品牌（如NIKE、FILA、GUCCI等）应用PLM系统实现了企业的大发展。行业顾问公司KSA的调查显示，国际知名服装企业实施PLM系统后带来了以下经济效益（表3-1）。

表3-1　应用PLM系统带来的效益

| 应用方向 | 产生的效益 |
| --- | --- |
| 开发成本 | 降低了10%～20% |
| 材料成本 | 节省了5%～10% |
| 制造成本 | 降低了10% |
| 库存流转率 | 提高了20%～40% |
| 生产率 | 提高了25%～60% |
| 进入市场时间 | 提前了15%～20% |
| 保证质量费用 | 降低了15%～20% |

### 1.及早获悉进料及成本状况

使用 PLM 系统前，最后获悉生产线构成的是进料经理。此外，面辅料的供应商也不能及时准确地提供服装企业所需要的材料计划。

使用 PLM 系统后，进料和生产经理能够及早看到开发的款式，能够对生产厂家进行评估并制订初步的生产计划，同时便于进料经理查看材料供应商在质量、成本、及时交货等方面的信息，了解他们以前各季度的表现。此外，向生产厂家发送成本要求前，服装企业可以制定运行报告，说明当前已分配给该生产厂家的业务量，从而确定生产能力。

### 2.调整生产线规划

使用 PLM 系统前，制定服装的款式、类别、存货和生产线等综合预测分配任务时，繁复的工作使企划人员很容易遗漏或重复。

使用 PLM 系统后，这一切均可以通过对现有和历史产品及周期性信息进行统一访问实现。工作人员通过回顾上季度业绩，确定哪些产品类型取得了成功，哪些价位实现了可行利润，然后将此类数据与最新趋势相结合进行分析，为企划人员提供整个生产线的可视化操作手段。

### 3.加快设计速度

服装企业每季度续用的款式一般高达 20% 左右，设计师为修改这些款式花费了很多时间，以致不能集中精力设计新的产品。同时，各部门独立工作也造成资源和时间上的浪费。

导入 PLM 系统后，设计师可以方便地浏览和使用资料库中以往的产品信息。利用信息库能在一个组件更新后自动更新所有的相关款式，并及时通知其他部门成员，使其能够就款式、面料、工艺和色彩等进行及时的沟通。

### 4.节约管理成本

使用 PLM 系统前，服装企业各部门都是相对独立地工作，生产过程中容易出现工作的交叉和重复，从而增加管理费用。

使用 PLM 系统后，使用网络监督生产进度可杜绝不必要的会议、流程交接等，并能为服装企业中的所有团队成员提供标准化的产品规范。

### （三）服装企业实施 PLM 系统的对策

#### 1. 选择适合服装企业自身的 PLM 系统供应商

选择一个好的 PLM 系统供应商对 PLM 系统的成功实施至关重要。好的供应商也是企业的长期合作伙伴，因此服装企业应根据自身情况选择合适的 PLM 系统供应商。

（1）在多个供应商之间进行比较，切忌盲从：服装企业在选择 PLM 系统供应商时应先从专业咨询公司入手，获取对供应商的评估资料，选择几个目标供应商进行深入的考察和比较。选择与自己的业务需求最为贴近的系统，并要求系统供应商进行一定程度的二次开发。另外，最好选择在服装行业有实施经验的供应商。

（2）对投资效益进行衡量与分析。PLM 系统给企业带来收益的同时，其成本投入也是企业必须考虑的问题。引入 PLM 系统的所有模块，对企业的业务流程进行大规模改革所带来的成本并不是所有企业都可以承受的。企业可以分步进行 PLM 系统的实施，根据自己的情况和实施重点，选择最需要的模块以及在该模块方面有特长或有丰富实施经验的供应商，以较少的成本获取最大的收益。

例如，NIKE 公司对应用 PLM 系统十分慎重，经过多次深入调查研究，根据其经营范畴和实施重点，最终选择美国参数技术公司（PTC）为其提供 PLM 解决方案。

#### 2. 结合服装企业自身实际情况确定 PLM 系统实施目标

PLM 系统的实施需要详细的、可操作的计划，而实施计划的制订需要着眼于选定的实施目标。在制订实施计划时应以选定的实施目标为中心，将实施目标细分为企业的实际需求，使实施计划的着力点与企业的需求相一致，避免大范围的流程重组。

例如，FILA 公司是一家从事运动服装行业的知名品牌公司。由于近年来对体育装配产品的不断延伸，在研发过程中遇到大量的图像、数据以及信息数据管理问题，FILA 公司采用了 PTC 针对其实际问题而提供的 PLM 解决方案。正是因为 PTC 实施计划的着力点与 FILA 提出的需求相一致，关注其实施目标，缩短了 FILA 公司的上市时间，降低了产品的开发成本，同时提高了产品的质量和信息交换的能力。

### 3.加强人员的培训以及与供应商的沟通

好的计划只有通过严格执行才能达到预期效果，而实施计划的执行过程需要实施公司和企业相关人员的相互配合，需要多方人员之间的相互交流。

（1）对项目组成人员进行系统培训。企业人员培训是系统上线前的一个必要步骤。根据工作态度挑选系统管理组人员，对他们进行培训以提高其技能。因为系统管理人员要负责整个 PLM 系统的安装、维护、配置、运行、备份等工作，所以各部门的业务骨干必须进行 PLM 技术系统的教育和培训，共同学习，互相交流。通过将企业需求和 PLM 技术结合起来，达到 PLM 项目实施的最终成功。

例如，法国 Sergent Major 童装公司在应用 Gerber 公司提供的 Web PDM 系统时，花大量时间对员工进行系统培训。对于这家以创新为价值导向的公司而言，积极帮助员工接受并理解流程改变的必要性恰好与其企业文化相一致，且对员工进行反复培训、讲解新流程的必要性比指令性的方式更有利、更高效。

（2）及时与供应商进行技术交流。PLM 系统与其他信息系统相比，技术含量更高，这增加了企业人员理解和使用的难度。服装企业要想达到应用 PLM 系统的目的，一定要在实施 PLM 系统过程中与供应商紧密配合、积极沟通，实现知识转移，最终达到双赢。

企业可以在项目实施后分阶段开展实施报告会，邀请供应商以及企业重要的项目关系人参加，对项目实施后的情况进行交流。PLM 解决方案加上适当的技术交流能够加强产品设计中各个部门之间的沟通，能够增强供应商与服装企业之间的协同，进而实现产品设计和系统项目实施的正确和及时，避免失误和延迟，提高服装企业的竞争力。

PLM 系统对我国服装企业来说是一次革命，将改变服装领域的知识总量、存在形式和传播方式，利用计算机、网络、数据库以及软件等将使服装企业的设计、生产、经营和管理等方面发生新的改变，提高竞争力。虽然目前 PLM 系统在服装行业尚未得到广泛的应用，但是随着其良好的发展趋势，必将引起更多服装企业的关注并大幅度提高服装企业的经营效率和核心竞争力。

# 第四章 数字化服装生产设备

## 第一节 服装铺布工艺要求与数字化服装铺布设备

在服装生产中，铺布裁剪前的准备工作有排料、裁床计划检查，这关系着批量生产的成品质量，所以作业过程责任重大。服装铺布工艺作业流程：A.接收技术文件、样板、电脑 CAD 衣片排料图；B.编制裁床方案；C.领取物料，布料质量的检验（也有的在入仓库前进行检验）；D.检查排料图，确保没有错误，有则修改；E.计划排料铺料，确定层数；F.使用数字化拉布机或采取人工拉布。

### 一、服装铺布工艺要求

#### （一）编制裁床方案

编制裁床的方案一般要考虑如下因素：
（1）服装数量，单件或者几件或者上百件不等。
（2）服装型号。
（3）裁床的长度，从 5~30 m 不等。
（4）面料的颜色和厚薄。
（5）裁剪工具。

#### （二）服装生产排料画样

排料也叫排唛，就是按照裁床方案所规定的床数，每床按型号和件数配比将样板紧密地排在一张排料上并将排料结果画在纸上或面料上，作为铺料和裁剪工序的生产依据。排料一般要考虑面料的幅宽，两边留出 2~3 cm 的余量。排料要遵循先排大裁片、后排小裁片的原则，本着紧密、节约的用料原则，严格按照工艺单上的经纬纱向规定排料，同时注意面料正反一致和衣片对称。排料有手工排料和电脑排料。现代服装企业生产一般都采用电脑 CAD 排料，或者进行人机交换，即排料用绘图机打印出来，人工检查没有错误以后，才进行铺布裁剪。按计划排料完成以后还要经过该部门负责人签名确认，目的是进一步检查该工作的正确与否。表 4-1、表 4-2 分别为排料检验单和铺料通知单。表 4-3 为对排料作业的标准要求。

表4-1　排料检验单

| | | | 第　　床 |
|---|---|---|---|
| 订单（合同号） | | 产品名称 | |
| 款号 | | 面料幅宽 | |
| 1. 是否符合裁床方案规定的号型和件数？<br>2. 裁片倾斜度是否超出允许偏差？<br>3. 有无"一顺"现象？<br>4. 倒顺毛方向是否一致？<br>5. 是否有漏片？<br>6.……<br>结论意见<br><br>　　　　　　　　　　　　　检验人<br>　　　　　　　　　　　　　　年　月　日 | | | |

表4-2　铺料通知单

| 床号 | | 订单号 | | 款号 | | 总层数 | |
|---|---|---|---|---|---|---|---|
| 布名 | | 门幅 | | 长度 | | 铺料方法 | |
| 颜色与层数 | | | | | | | |
| 完成时间 | | | | | | | |
| 排料人：<br>要求：<br><br>年月日 | | | | 铺料人：<br><br><br>年月日 | | | |

## 表4-3 控制排料作业的工艺质量标准

| 名称 | 服装企业排料作业标准 | 版本 | | 页次 | |
|------|----------------------|------|--|------|--|

一、排料原则

1. 符合服装工艺要求

（1）考虑面料的方向性及样板的方向，特别是不对称样板，如右偏襟的上衣。

（2）有绒毛、有方向性花纹图案的面料，排料时要按统一方向排料、保证制品光泽、手感、花纹方向的一致性。

（3）条格面料须保证方向性以及衣片间衔接处对格、对调的准确。

（4）保证面料与样板的经纬方向一致。

（5）排料的宽度应与里、面料的宽度一致。

2. 满足设计效果的要求

（1）有特殊设计时，如需要用到面料的正反面，须特别注意，避免出错。

（2）多层裁剪时，需考虑误差，留出适量的裁剪余量，以便制作时矫正。

3. 节约用料

（1）采用先大后小、缺口对接、多件套排、不同型号规格或不同成衣套排等方式排料，尽量减少面料剩余。

（2）衣片之间的空隙尽量流出长条。

（3）利用余料排一些小裁片，达到大料大用、小料小用、物尽其用、节约面料的目的。

二、排料标准

排料前检查样板是否漏定位记号，排料时根据布料做接匹位，衔接部位要合适并符合工艺规定。

排料完毕时要检查铺料是否歪斜、层数是否正确，注意刀锋余位。

省位、口袋位等车缝记号不能遗漏，防止漏排错排，尤其是对称衣片。

尽量将衣片直边对直边，斜对斜边，凹对凸，减少衣片间隙。

按照裁裁方案从第一床排到最后一床，排料的两头成平齐状态，不允许出现凹凸现象；在排料的每一裁片上标明款号、型号、裁片号、件号及条格号。划样的线条不能超过 2 mm。

三、料架的编排

1. 按生产部生产通知单、设计部制单向设计部领取硬纸样、原板样品、生产工艺单、裁床作业指导书及布仓的色卡和布版卡等资料，检查资料的有效性、一致性。有疑点要向生产经理汇报，与资料发放部门核实清楚。

2. 裁床主管按工艺单统计生产数量，报生产控制部。

3. 裁床主管按制单数、分布表及单件用料开出领布单，向布仓领布。

4. 布料到裁床后，核对颜色和色差，色差过大，要退回仓库处理。

5. 排料开始后，排料用料要限制在规定的范围内。

6. 按排料标准排料，爱护样板，保证样板无损，完工后及时将样板返还设计部。

四、料架的审核

料架师排料完工后须自检无误后请主管审核确认，然后向铺料人员下达铺料命令。

| 编制 | | 审核 | | 批准 | | 生效日期 | |
|------|--|------|--|------|--|----------|--|

### （三）服装裁床铺布方法

铺布也叫铺料，俗称拉布。按照裁床方案规定的床数、层数，结合排料图的长度，把待裁面料一层一层按要求断开，将其整齐地在裁床上进行铺叠，然后由裁剪师傅开刀裁剪或者用激光裁剪机自动裁剪。

铺布必须做到"四齐一平"。四齐指（1）起手要铺齐；（2）门幅的一边层层要对齐；（3）面料两头要断齐；（4）没有铺到头的面料要配齐。一平指每层布面一定要抚平，铺料的厚度视计划而定。

服装铺布主要根据花型图案、条格状况、倒顺毛等面料特点选择最合适的铺料方式。铺料方式主要有单面朝向式、合面式、冲断翻身式、双幅对折式四种。

（1）单面朝向式：将一层面料从出发点铺到所需长度后，冲断夹牢，再将布头退到原出发点进行第二次重复操作，使所铺面料的正面或者反面朝向一致。

这是一种最普通的铺布方式，服装左右衣片有不对称现象、面料有倒顺方向时，必须采用这样的铺布方式，如灯芯绒、宽条面料。

（2）合面式：把一层面料从出发点铺到所需长度后，直接折回再铺，这样面料就成一正一反交替展开，每两层面对面，里对里。

把面料从原点铺到所需的长度后不裁剪又直接折回原点再铺，如此循环的铺布方式具有无倒顺的缺点，但对较厚的布料或者刚性较大的布料，铺叠时难以压平两端，会使布料两端高起不便于裁剪，因此需要切割布料。

（3）冲断翻身式：将一层面料从出发点铺到所需长度后，用剪刀剪断，再退回原出发点，将面料反转180°后再进行第二次铺料，如此反复，一正一反并保证花型的方向一致。

冲断翻身双向铺布：将一层面料从所需的长度点铺回到原点以后裁断，机头翻转180°，然后从所需长度点铺回到原点裁断翻转，如此反复。这种铺布方式具有折转双向铺布的优点，同时避免了折转面料上下两层方向不一致的缺点，适用于倒顺方向布料的铺叠，也适用于厚料和刚性大的布料，但由于需要反复翻转，增加了铺布的工作量。在实际生产过程中要根据布料的实际情况灵活使用。

（4）双幅对折式：适用于面料幅宽在145~150 cm的厚料，适用于对格或者小批量、单件裁剪的服装。

## 二、数字化服装铺布设备

### （一）数字化服装铺布机的优势

铺布的方式有人工铺布和自动化铺布机铺布两种方式。人工铺布需要至少两个人，而数字化全自动铺布机（图4-1）一个人就可以控制。使用数字化铺布机从长远的角度来看，可以降低成本，缩短铺布作业时间。如果企业订单量大，在产品变化不是很大的情况下可以选择数字化全自动铺布裁剪机，毕竟数字化生产是未来服装生产发展的方向。

图4-1 数字化全自动铺布机

### （二）数字化服装铺布机的种类

数字化全自动化铺布机自20世纪80年代引进中国，经过30多年的应用和改善，到目前已经开发出有针对性的、适用于针织和梭织两大类面料的型号。以中国本土制衣制造设备研发品牌富怡为例，已经开发出适合针梭两用、家纺类专用的全自动铺布机。

### （三）全自动铺布机的功能特点

铺布机是大型高速运行的设备，通过自动化控制可以使铺布机的运行动作挥洒自如，发挥完美的铺布功能。铺布设定的长度由电脑自动控制，可以在数码触摸屏中显示机器所行走的位置，即机器的行走长度；运行速度由电脑所设定的软件控制，即改变机器的行走速度和放布速度只需通过更改数码触摸屏的参数即可。

铺出的布料可以自动回卷，遥控器能在 100 m 的范围内控制铺布机停止，很好地保证了铺布效果及防止安全事故的发生。在机器的四个方位安装有安全感应器，可以使机器在 1 m 范围内感应到物体或者人时自动停止。铺布机的组织构成有以下几点。

（1）数码触摸屏：中英文彩色液晶触摸屏，单手即可操作，可同时设置铺布长度、层数、速度及多种铺布程序。

（2）压布杆：视不同的面料而使用。

（3）自动切割装置：自动切割，自动磨刀，自动提升高度，根据不同的面料设定能使切割在开始的位置使用较低的速度，然后提高速度，避免由于切割过程使面料变皱。

（4）鼓风机：与加气浮式台板合用，铺完布后方便转移到裁台上。

（5）台板：移动台板与固定台板（普通/气浮）配合使用，便于物料或机器的流转，可极大地提高工作效率。

（6）编码器驱动：编码器在台板下面的同步带上运行，通过该编码器可以设定任意长度铺布，保证机器的开始及停机的准确。

（7）双漫反射感应器：自动对边，保证布边整齐，节约布料。

（8）安全感应器：高灵敏度感应器，在 1 m 范围内感应到任何物体时机器能自动停机，从而保证人的安全。

（9）电导轨。

（10）除静电装置。

（11）远程遥控器：不受空间限制，操作人员在 100 m 的范围内都可以控制机器，以保证铺布效果及防止安全事故的发生。

### （四）自动铺布机对布料铺叠及装置的要求

根据不同的布料特性在自动铺布机的选择配置上也有所不同。

1. 棉麻类

这种面料在使用铺布机的时候比较好铺叠，无张力，无明显的皱褶，可以不用压布夹铺叠。

2. 毛料及呢绒

毛料及呢绒类型的布料由于质地紧密厚实，要选配压布夹，铺布的效果比其他类型的布料要好，速度相对也比较快，但切割刀的行走要使用慢速，这样可以保证切割出来的布料平整。

### 3. 丝绸

丝绸轻薄、柔软、滑爽，但易生折皱，这种类型的布料在使用铺布机时速度一定要慢，并且一定要配备压布夹，防止机器在行走过程中产生的风吹起布料，使铺出来的面料形成皱褶，影响裁片的大小。

### 4. 化纤面料

由于此类布料光滑，为了防止铺出来的布料移动倾斜，影响铺料平整，在使用铺布机时一定要配备除静电装置和使用压布夹。

### 5. 针织面料

针织面料分经编和纬编两种，经编织物的布料一般从织布厂出来成卷时就已经形成了张力，所以在铺这种面料时一定要先将成卷的布料铺叠成坯布静放 24 h 以上，待张力消除后才可以放到铺布机上铺叠，一定要选配放布台装置。纬编织物的布料一般是双层，两边不开封，成筒状形式，所以选用的是圆筒针织铺布机。圆筒铺布机是通过滚筒抚平面料上的皱褶，不需要压布装置。

### （五）数字化铺布机对布料包装的要求

（1）对布料筒装的要求是卷布纸管材质要有一定的厚度。

（2）放置布料的两端整齐平整、大小一致。布料的两端整齐平整，通过验布机验过的坯布要求布边的误差不超过 2~3 cm。和手工铺布的要求一样，对于一些张力比较大的针织布料一定要铺开静放 24 h 以上，待张力消除后才可以用铺布机铺叠。

（3）对于有弹性的布料，要看一下铺布机有没有 U 形放布槽或者摇篮式放布装置。不管是卷布还是坯布，在铺布过程中都会产生一定的张力，这就需要靠 U 形放布槽或者摇篮式放布装置消除张力。只有这样的铺布机才能达到真正意义上的无张力铺布。

## 第二节 裁剪工艺要求与数字化裁剪设备

### 一、服装数字化自动裁剪设备

高质量的裁片是缝制工人生产出高品质成衣的前提。裁床铺布和排料后，进入裁剪作业。裁剪分手工电剪和数字化电脑自动裁剪两种方式。要求裁剪精度高，衣片不能变形，选择的工具相当重要。手工裁剪机械一般有直刀裁剪机、圆刀裁剪机、带刀台式裁剪机、刀具压模裁剪机、悬臂式裁剪机；全自动衣片裁剪机械有电脑自动裁剪机、激光裁剪机。

衣片自动裁剪机按裁割布料的方式分接触式与非接触式；按裁剪头的动力形式有机械刀、水刀及激光刀。目前，国际上能够有商品推出的公司主要有美国 Gerber 公司、法国 Lectra 公司、西班牙 Inves 公司以及德国 Assyst 公司和日本的 Kawakami 公司等。目前，我国生产制造自动裁剪机的技术与服装企业中使用的服装 CAD/CAM 系统均是引进的。新一代的全新数字化裁剪设备具有智能化、操作简便、远程控制等功能。以法国力克第七代裁剪系统为例，该系统外观时尚，符合现代审美需求，内在系统能预先设置面料裁剪的参数，对面料的厚薄进行设置，可优化排料图，对裁剪过程进行实时视觉监控和及时跟踪，管理人员能随时了解裁剪系统运行状况并及时做出正确的决策。它能有效读取多种裁剪格式，如 Model、DXF、MGS、RS274、Top CAD 及 ISO 6983，特有的轨道能在多条铺布桌前自由移动，为生产计划增加了极大的灵活性，在质量管理上避免了电动手工出现的种种质量问题，简化了生产工序，提高了生产效率。

### 二、服装裁片管理要求与数字化应用

#### （一）验片

进行分包、捆绑与码放作业前，需要通过验片工序，即检查裁剪质量，抽出不符合质量要求的裁片。采用数字化激光系统裁剪以后，验片只需要做如下工作：

（1）检查主、附零部件裁片是否与样板一致。

（2）检查标记符号是否完整、准确、清晰。

（3）检查面辅料是否正确。

（4）检查是否需要补片。

## （二）分包

为避免同一件成衣的不同衣片上出现色差，必须对裁片进行分类、编号、分包。分类方法有：

（1）按型号分开堆放。

（2）按裁片大小分类。

（3）按顺序排列，等待编号。

采用现代数字化技术进行分包时，可以应用 RFID 传感器技术的电子工票。将检验好的衣片按照要求逐片编号，避免色差，防止衣片在生产过程中发生混乱，便于复位，保证同一编号的衣片最终缝成一件衣服，通常将面料的编号、色泽、产品编号、尺码及裁片数量等相关信息写在标签上。捆扎时，配上一张智能 ID（电子工票）卡代替条码工票。在每台衣车上或者需要计件的岗位上安装一个双读头的读卡器，员工工作时，把员工考勤工卡插入读卡器，再把要生产的对应的每扎 ID 卡插入读卡器，每完成一扎就更换插入的 ID 卡，代替手工剪工票，读卡器自动实时采集。裁片编号作业原则、流程和方法如表4-4所示。

表4-4　裁片编号的作业内容

| 内　容 | 说　明 |
|---|---|
| 编号标准与要求 | （1）编号颜色要清晰，位置要准确，防止漏打、重打或错号等，统一设置在衣片反面边缘显眼处<br>（2）编号完毕后要进行复检 |
| 编号流程 | （1）在所有裁片的边角处贴上 0.7 cm×0.5 cm 的编号纸（感应器），按分类好的裁片逐一编号：编号的数字应是 7 位数，前 2 位是床号，中间 2 位是号型，后 3 位数是层号。比如，0820130 表示第 8 床、规格为 20 号、第 130 层衣料裁出的衣片<br>（2）用自动递增尾数的编号机逐层编号，编号机器的层数应从"1"开始，打到最后一层为止<br>（3）所有的裁片编号完毕后，用电子非捆扎或（装进同一包内）在袋口捆绑处或拉链头上附上写有床号、品号、款号、型号、包号的标识<br>（4）分包好的同一裁床裁片及时交给缝制车间，办理移交手续 |
| 编号方法 | （1）打印法：在裁片反面不明显的部位打上编号印记<br>（2）粘贴法：在裁片某部位粘贴有编号的标签，缝制结束后，去掉标签<br>（3）画粉法：用画粉在裁片反面画上编号 |

注：如果是小批量精品成衣生产，以每件衣服的所需裁片为单位进行捆绑与码放；如是流水线生产，则将各流程所需裁片统一捆绑与码放。

# 第三节　数字化缝制工艺设备

纵观缝纫机的发展过程，从技术上大体可以总结为四个发展时期：第一代以手摇或脚踏为驱动力的人力缝纫机（图4-2）；第二代以电动的皮带传动或直接驱动的缝纫机，如普通平缝机；第三代以缝框自动驱动为主的臂式电脑缝纫机，如电脑花样机、简易数控改装的长臂机等；第四代是桥式的、多头的、CNC、光机电一体化的、智能控制的缝纫机。前三代缝纫机的一个总体特点是臂式为主。第四代缝纫机打破了以机械为基础的传统，进入了计算机控制领域，形成了以微电子技术为基础的新一代缝纫设备。

**图4-2　手摇式缝纫机**

2005年以来，中国的经济发展举世瞩目，服装也从代加工OEM逐渐发展为自有品牌，制造业分工越来越精细，促进了设备业研发水平的提高，更促进了民营企业的崛起。2013年5月，具有数字化全自动模板的缝纫机由中国民营企业富怡集团成功研发上市，其发布的全自动模板缝纫机突破了以前缝纫机对缝制面积的限制，采用桥式结构，能对物料进行全面把握，数字化模板缝制使缝制实现了全自动电脑控制，并且颠覆了传统的一人一机的生产方式，改变了缝制业的作业模式。

## 一、服装模板的发展与技术原理

### （一）服装模板的发展

全自动模板缝纫机的发展源于服装模板。服装模板是当前服装制造的先进工艺技术，它的应用能彻底改变原有的生产作业方式，将复杂的生产工艺工序简单化、标准化、流水化，从而提高产品品质，提升生产效率，稳定生产时间控制，在真正意义上改革传统的服装生产方式，促进企业走向服装高效生产方式的最前端。

20世纪60年代初，德国开始在较为固定的工序上试用服装模板，如衬衫的领子和西装的袋盖。使用钢材做的模板虽然显得很笨拙，但是工艺简单，在当时给服装生产带来了较好的效益。20世纪60年代后期，日本人把模板材料换成了有机玻璃，并对服装模板技术进行改良，扩展其使用工序，使之慢慢发展并普及开来。中国改革开放以后，服装模板技术随着中外合资企业进入中国服装企业，由于当时模板成本较高和技术缺乏等问题，开始只是在小部分企业里使用。

20世纪末，服装加工业在沿海城市蓬勃发展，时装工艺的要求也进一步提高，一些新型技术、新型材料、自动化功能缝制设备应需求而产生。21世纪以来，服装行业的劳工、原材料等各项成本急剧上升，加剧了服装企业对自动化、数字化、智能化生产的需求。服装 CAD、CAM 等技术的普及应用实现了服装制作生产前的数字自动化，同时引发了服装模板技术从业者和专业人士对服装车缝自动化生产的深入探索和研发。

2005年初，服装行业技术工人短缺问题严重，品牌品质要求不断提高，服装制造成本每年递增，利润空间越来越小，严重影响了企业的生存。同年，服装模板切割机被引进使用，模板通过改装过的缝纫机缝制，促使产品标准化，其以提升产量和质量、降低工人操作难度等特点在服装企业得到前所未有的关注和好评。2012年7月，中国服装模板联盟成立。2013年，全自动模板缝纫机出现，自动化切割模板开槽实现了服装模板从设计制作到全自动电脑缝制全部由电脑完成，使服装业进入了模板标准化缝制时代。

### （二）服装模板技术原理

服装模板是一种缝纫工艺，应用在服装加工领域，是通过服装 CAD 软件设计开槽、激光切割机等设备在 PVC、PC、亚克力板等材料上切割，并经过后期的组合黏接起来作为服装缝制过程中的辅助夹具，在有机胶板上按需要的尺寸开槽，在车缝设备上改装相对应的压脚、针板、牙齿等工具，实现按照模具开槽轨迹进行车缝的一种技术。常见的服装模板缝纫机分为三种类型：全自动模板缝纫机、半自动模板缝纫机和简易改装模板缝纫机。

服装模板技术的核心是模板的设计与制作。模板的设计水平直接影响着生产效益和质量。

服装模板制作的主要问题在于结合相关工艺工序进行合理设计并保证制作过程中误差的最小化，以及后期测试应用阶段的不断优化。服装模板可以应用在所有品种的服装生产中，根据不同工艺工序而进行设计改良，因此可操作性强，成本低廉。整体估算，服装企业引进模板技术平均可以提高40%～60%的生产效益。服装模板虽然能应用在多个工序中，也代替了一些特种专用设备，但不是所有服装的每道工序都可以用模板缝制。现在有近90%的工序可以用模板工艺进行生产，还有10%的属于立体的缝制工艺是模板完成不了的，有待新技术、新材料、新方法的结合。

## 二、数字化服装模板技术在生产中的应用

这里以富怡全自动模板技术的应用为例来讲解。富怡全自动模板缝纫机是基于原始手动模板缝纫机进行设计与开发的，电控系统在该公司的另一产品绣花机系统上进行升级，从而实现轨迹跟踪及机头升降。其 $x$ 向及 $y$ 向驱动机器采用绣花机的结构，$x$ 向运动采用 $x$ 向步进电机驱动 $x$ 向导轨，由导轨带动绣框运动，$y$ 向也是由 $y$ 向步进电机驱动 $y$ 向导轨，从而带动绣框进行运动。缝制时，$x$ 向 $y$ 向相互进给完成。富怡绣花图艺软件制版与开发设计的先进电脑控制系统可以实现从模板工艺设计到 CAD 输出、切割、自动化缝制一体化。

富怡数字化全自动模板缝制系统由富怡模板 CAD 系统、富怡模板专用激光切割机、富怡全自动模板缝纫机三个子模块完成数字化全自动缝制。

（1）富怡服装模板 CAD 软件。在放码、排版、绘图的基础上，利用 CAD 软件包所带有的自动缝纫功能，将衣服的领子、袋盖、开袋、前襟、门襟等部位的尺寸设计好，与模板激光切割机联动，从而切割出做模板所需要的材料。具体步骤为自动缝纫文件—自动生成文件—自动输出文件。

（2）数字化模板激光切割机。模板制作使用的切割设备主要是模板激光切割机。该模板专用激光切割机具备的激光高速切割、上下排烟结构能有效地将生产中产生的烟雾和气味排出室外，无异味，符合环保要求。

（3）第四代全自动模板缝制系统的问世是缝制设备行业的一次革命，必将带

动整个服装产业的飞跃,具有划时代意义。

目前,富怡开发的数字化全自动模板机已经可以做到:

(1)触摸屏操作,直观、简便。

(2)最高速:2 200 r/min,缝制稳定、均匀,成品线绒平滑、整齐。

(3)全自动电脑控制,多头缝纫机同步进行,将复杂工序简单化、标准化;模板缝缝制完成后自动停机更换模板,机器操作简单易学,不需要专业熟练的缝纫机操作员。

(4)自动模板缝制单元可多样化设计线迹,由电控控制形成装饰线迹,区别于电脑绣花和普通电脑缝制,创造出别具一格的产品视觉效果,提高产品的竞争力。

(5)通过模板设计和编排模板工艺可以更加科学和精准地计算出生产工时,方便计划与平衡化生产。

(6)模板切割生产数据与模板缝制线迹数据来自同一设计数据,省去了缝制线迹打版,删减了模板设计环节,缩短了生产周期。

现代化模板已经和服装工艺有了精密的联系,对服装款式产生了很大的影响。传统的打版师一般由工厂工人培养而成,他们只知道依照衣服的样式打版,并不会设计新的版样,这也是一直以来打版师得不到重视的重要原因之一。现代化的打板师要求既要在理念上得到更新,还要在工艺上懂得变通,必须做到三方面:一是要懂服装制版知识;二是要了解服装工艺制作程序;三是要懂服装设计艺术。只有这样才能把科学技术与设计艺术完美地结合起来,创造出新的具有很高的市场竞争力的产品。

目前,服装模板生产方式还不普及,人才的培养和管理的思想亟待提高,对新技术的应用还需要普及教育。

# 第四节　数字化生产模式下的辅助设备

21世纪,对市场快速反应和快速敏捷制造产品是应对市场竞争必须采取的措施,因此服装企业必须具有以计算机网络形式获取流行、市场信息的系统,具有服装 CAD/CAM 系统,具有模块式专用缝制系统或具有电脑控制的吊挂传输式服装缝制生产系统,具有企业现代"PDM+ERP"信息管理系统。

## 一、模块式快速反应缝制加工系统中的辅助设备

所谓模块式快速反应缝制加工系统，是指从 CAM 系统送来裁片开始，以较少的工位（一般 10 个左右）设置起来的进行单件服装缝制的系统。每一个工位称为一个模块，通常由 2～3 台加工机台组成（根据服装款式、加工工序，也有多至5～6 台机的），一个模块一个工人操作，系统需要配置传送衣片的吊挂传输式缝制加工系统 FMS（Flexible Manufacture System）。吊挂传输衣片的自动装置是服装企业缝制工段实现柔性加工系统的基础，也就是说服装企业的柔性加工系统是由吊挂衣片传输装置与电脑控制缝制机械组成的柔性加工系统。

服装企业采用柔性加工缝制系统可满足多品种、小批量及至单件的服装加工，柔性也很大。根据电脑控制和自动化程度不同，服装企业可以根据企业的实际情况选用不同技术层的 FMS 系统。目前，我国服装企业常用的 FMS 系统有日本 Juki 公司的 JHS-201、QRS-Ⅰ、QRS-Ⅱ系统，瑞典的 Eton2000 系统，日本 Brother 公司的 BSS-100、BL-1000、BL-110 系统，美国 INA 公司的单元生产系统，德国杜克普公司的吊挂系统等。目前，国内用的比较多、比较成熟的是美国 GM-300 系统和瑞典 Eton2002 系统。

### （一）FMS 吊挂系统简介

FMS 吊挂系统应用于服装行业是一套物料传送系统，旨在消除人工搬运，最大限度地减少浮余动作；能够减少在制品（WIP），提高空间利用率，增加产能。

吊挂系统的原创者是瑞典公司 Eton。ETON 系统的生产理念包括专业培训、软件、UPS 吊挂系统三大部分，该公司提倡只有将这三部分的基石做好了，生产效能才能真正提高。

### （二）FMS 吊挂系统的工作流程

由计算机控制的吊挂运输线用一个循环运输轨道把多个服装生产工作站结合起来。将裁好的衣片吊挂在轨道上，从第一道工序按工艺流程自动传递到每一个工作站，逐道完成加工。FMS 的计算机系统采用 IE 标准工时计算方法，结合RFID 读码技术把裁片生产数据导入 MIS 系统中，对每一位员工的实时生产信息进行反馈和成本核算。

1. 生产线的布置

现场布置的吊挂系统主要包括设备硬件和计算软件两大部分。硬件主要指生产线布置所需的设备；软件指利用计算机编程设置生产流程和节拍指导生产。吊挂生产线布置得高低能依据厂房需求进行个性化定制，充分利用从地面到顶棚的整个空间。地上主要是设备的布置和工作地的安排，设备种类、位置和数量及工作地应满足作业内容和生产节拍平衡的需要，工作地的配置要有一定的灵活性，以适应品种变化的需要。

（1）将一件服装的所有裁片上到吊挂上。

（2）所有的生产流程由 ETON select 软件控制，管理信息实时可用。

（3）一件衣服的每一个裁片在吊挂上都有特定的位置，吊挂通过主轨从一个工作站传送至另一个工作站。

（4）该系统的工作站能够提高员工的操作效率，大多数的作业无须从吊挂上取下裁片便可直接进行。

（5）多轨站可以实现在同一站自动对裁片分类及暂存裁片。

（6）专业的组织和良好的厂房能给客户留下深刻的印象。

（7）质检站，设置好参数后，该系统的柔性链条应既适合站着工作，也适合坐着工作。

2. 吊挂系统中的夹子

夹子选择有左右旋转功能的不宜过多，吊挂路线不宜过长，吊挂线上的设备不宜太复杂，若需要用到的一些设备附带的设备过多，可以调整工艺流程线，尽量简化。

3. 计算机使用

计算机将编制好的某件衣服的工艺流程传输到主轨道的每个工作站上展开工作。控制系统根据产品加工的需要安排不同的生产流程和速度，主轨上的吊架工序表分别进入各自的工作站。如果生产款式发生变化，只要将根据新工艺流程编制的程序输入控制系统，吊挂系统即可自动地按新工艺传输衣片至指定工位。

采用服装吊挂生产系统后，可应对企业临时调整生产计划，即可通过吊挂生产系统的中央控制系统暂停正在生产品种的衣片传输，将在线衣片集中悬挂停放在指定区域，各传输架接受新品种的控制程序指令，按新的传输路线传输衣片。待这批产品加工结束，可继续原产品的加工，便捷有序。另外，通过中央控制系统可以在同一条吊挂线上安排不同品种的生产，不同品种之间的生产流程和节拍可以不同。

系统由计算机管理，它采集了所有可用于监控生产、管理生产的数据，可打印输出日报、月报及年报表；实现了 MIS、CAD、CAPP、FMS 的数据信息共享；由于采用人/机交互方式进行生产工艺及流程编排，减少了人工处理操作，缩减了前期准备时间，改善了人体工程学以及大幅缩短了投入产出时间，生产效率的提升达到 30% ～ 100%。它使服装的缝制生产实现了高度自动化，加速了生产流量，降低了服装库存。

## 二、数字化大规模定制生产模式的辅助设备

大规模定制生产模式其实就是大规模定制下的快速反应制造模式，即在大规模定制下的敏捷制造模式。大规模定制生产模式是指对定制的产品和服务进行个别的大规模生产。大规模定制生产模式是与大批量、大规模生产相结合的，要的是大规模生产的低成本和高效率，本身是面向客户进行多品种、小批量的大规模生产，其整个模式与大规模生产不同，从生产角度看，大规模生产是刚性的，大规模定制生产是柔性的。大规模定制生产模式的出现是当今服装市场动态变化的必然结果。

将现在服装企业的大规模生产模式通过对现有的服装产品结构设计、服装生产加工工艺流程和企业管理信息系统的改造，以三个实现来达到服装企业的大规模定制生产模式，这三个实现如下：

（1）利用网络服装 CAD 技术，实现服装产品结构上的模块化、通用化。由于各类款式服装产品结构均可分为前身、后身、领子、袖子等通用模块，因此可建立相应的模块库，再利用 CAD 技术，根据定制要求，实现客户所要求款式的各个模块的变化设计。

（2）敏捷制造是由各柔性流程单元组成的，因此利用模块化加信息化原理将服装产品工艺过程模块化，以实现柔性的快速反应、敏捷制造工艺。

（3）为形成大规模定制生产，必须实现企业管理信息系统的网络化，集成封装各模块信息单元，形成完整的企业内部网、企业外部网和互联网体系。大规模定制生产需要实现产品异地定制、配送、电子—商务、企业联盟、网上商店和虚拟公司等，这些都要求企业有一个完整的、数字化的内部网、外部网和互联网网络体系。

# 第五章　数字化服装设计

数字化服装设计是依据服装设计过程的每一个环节展开的，包括数字化面料视觉设计、数字化服装款式设计以及服装样版设计等。通过应用服装数字化软件，可以进行服装的图案、花型和色彩设计，这样可以在服装 VSD 系统直接看到服装款式设计效果。应用和普及服装数字化技术将为服装企业带来生产效益和利润的最大化，对服装产业发展起到强大的推动作用。

## 第一节　数字化面料视觉设计

数字化面料设计是利用计算机数字图像处理和数据库等技术，建立适应个性化市场、快速反应的数字化面料设计系统。该系统可以借助先进的数字化技术和数字图像处理技术，调用设计图库和网络资讯的大量信息，实现面料设计开发的可视化操作，激发设计师的创作灵感，拓宽图形创意视野，突破设计师与目标市场沟通的瓶颈，缩短传统模式设计、实验、打样和确认的磨合期，达到面料设计、创意、生产以及市场效益的最优组合；可以运用图像技术和数字化技术合成设计面料，模拟面料产品效果，方便客户选择，并能瞬间通过网络传输确认，使企业在生产操作之前，模拟最终成品的视觉效果，达到优化工艺、正确决策和减少风险的目的。

### 一、面料色彩设计

#### （一）调整色彩的精准度

通过建立常用色彩库或者借助色彩标准来调整色彩的精准度，使图案和花型、色彩达到最佳效果。

## （二）实现不同色彩系统的无缝转换

这种转换功能对精准程度特别重要。因为它可以使计算机显示屏显示的色彩与最终数码印染机输出的色彩保持一致，从而使设计与面料生产的色彩一致。

## （三）电子数码配色与分色

图案设计得到的设计样稿可通过后续的分色做出精细的分色版，并且通过自动减色功能合理地减少制版数量，这样既可降低成本，又不影响图案效果。

## 二、面料款式结构设计

### （一）纱线数字化设计

（1）单根纱线：单根纱线的模拟主要是通过设定纱线的粗细、颜色、密度等具体数值来获取相应的纱线的外观特征。

（2）组合纱线：通过模拟各种不同外观特征的纱线组合，模拟普通纱线、混合纱线等不同风格特征的纱线。

### （二）织物组织数字化设计

织物组织数字化设计是通过织物组织 CAD 技术完成的。织物组织 CAD 技术的应用缩短了设计周期、提高了工效、降低了从设计到试样过程的工作强度，可以在织物设计阶段用计算机模拟显示出织物的实际效果，提高新产品的设计能力，并减少浪费，降低试样投入，提高市场竞争力。

织物组织数字化设计过程是一项复杂、细致的工作，以往由手工进行的画点和计算这些技术难度大的工作如今大部分可由计算机代替，但是因为花样纹版处理的复杂性，通过纹版鉴别的方法复杂、效率低、易出错，而且效果不能直接体现出来，缺乏直观性，对于复杂的花样，可能出现设计上的差错。如果每次设计的结果都需要采用试织法验证，试织不满意又重新设计再进行纹版处理和试织，直到满意为止，这样不但需要很长时间，而且需要消耗大量的人力、物力。

织物的实物模拟是将织物的各种主要因素数字化、模型化，即用计算机自动处理实现模拟织物的生成过程并模拟外部环境对织物的影响。织物的实物模拟也为实物的场景模拟、服装辅助设计、虚拟现实、计算机动画等提供了必要的基础。场景模拟就是将纺织品输入计算机搭建的二维或三维环境中，从而更加直观、方便地评判织物的设计效果。织物模拟效果开发成功后，可以进行直观的织物设计，实现计算机虚拟试样，从而减少设计中的不可知性，可在新产品的开发中降低成本、提高效率，同时减少了设计师对试样失败的恐惧心理，有利于各类别出心裁的产品的问世。

（1）梭织物：梭织物的表面效果由织物结构设计决定，结构是设计精美织纹效果的基础。组织结构模拟设计了分层组合的结构设计方法，以全息组织和组织库设计替代单一组织的设计。梭织物的结构有简单和复杂之分。复杂结构的梭织物由多组经纱和纬纱交织而成，主要应用复杂组织中的重纬、重经、双层、多层组织完成织物结构设计。对于复杂结构的梭织物和复杂组织而言，在简单组织的基础上进行组织的组合设计是最基本的设计方法。

（2）针织物：针织物组织结构模拟以 Peirce 模型为基础，采用 NURBS 曲线模拟中心路径，圆形模拟纱线截面，利用 3Ds Max 软件实现线圈及基本组织的计算机三维模拟。在此基础上，以 3Ds Max 强大的动画功能为平台，从成圈三角、针舌的运动、纱线变形仿真三个方面模拟基本组织的编织过程，使针织过程具有直观的视觉效果，便于针织物的设计及改进。

（3）面料质地性能设计：服装设计大多是先从面料的设计搭配入手，根据面料的质地性能、手感、图案特点等进行构思。选择适当的面料并通过挖掘面料美来传达服装的个性精神是至关重要的。充分发挥材料的特性和可塑性，创造特殊的质感和细节局部，可以阐释服装的个性精神和最本质的美。服装 VSD 系统的面料设计功能可以根据不同质地、特性的面料进行数字量化设计。

# 第二节　数字化服装设计

利用数字化服装设计技术可以在计算机上实现服装款式设计开发→服装样版开发→三维虚拟试衣→网上新品发布等全部过程。数字化服装设计是利用计算机和相关软件进行服装设计和生产的过程，是我国服装行业发展的必然趋势。

## 一、数字化服装款式设计

数字化服装款式设计技术正在被越来越多的设计师认同，已成为一种趋势。数字化技术有三方面的优点：快捷、准确、高效。快捷顾名思义就是快，这在商业运作中尤为重要。传统的服装款式设计需要的纸、笔、颜料、画板等常常受到多种制约，而计算机不受时间、地点的限制。如果客户要求变换颜色和调整细节，传统绘画只好重新修改，甚至作废，但使用计算机就可以轻而易举地完成。计算机提供了多种图形设计手段、数十万种色彩以及特效，可以随时进行修改、放大、扭曲、调色等，操作简捷，易懂易学，极大地提高了设计效率，增强了表现力。Adobe Photoshop、Coreldraw、Illustrator 等作为计算机二维设计软件中的佼佼者，组成一个强大的服装设计平台，都可以用来绘制服装设计图，其作用无非两种：利用软件的创造工具生成新图形；将已有的图形元素进行组合加工，产生新的图形元素或作品。

Photoshop 图像编辑软件在平面设计中占主导地位，是专业领域中非常流行的工具。它可以通过图层、通道、路径等工具实现对图像的编辑，表现力极强，还可根据不同的需要进行参数设置，编辑保存其画笔工具，给设计带来许多意想不到的效果，形成许多特殊的图像。干湿笔刷可以模拟传统的工具（如蜡笔、炭笔等）产生的艺术效果，其手写板的功能带来更大的操作空间，图案生成器可以简单地选取图像区域，创建新的抽象图案。由于采用了随机模拟和复杂的分析技术，该软件为很多复杂服装面料设计提供了运动中常要生成的具有真实肌理效果的材料。

Illustrator 是一款非常强大的矢量图绘画软件，展示了惊人的适应力和创造力，贯穿了整个计算机图形世界。其蒙版的使用可以使蒙版以外的部分不再显示，从图像上圈选出要工作的区域，对该区域做删除、剪切、拷贝等处理不会影响区域以外的图像。

Coreldraw 是一种平面矢量绘图软件，可以利用其提供的绘图工具、填色工具、特种效果填充工具、图片填充工具等（这只是该软件的部分功能）直接画出设计师需要的效果图，基本上能够达到手工绘制的效果，甚至比手工效果图更美观。

## 二、数字化服装样板设计

数字化服装样板设计应依据服装款式风格、人体主要控制部位尺寸、工艺制作的要求进行，可在服装 CAD 系统中设计出二维服装样板。使用服装 CAD 软件进行服装样板设计主要有定数化打版和参数化打版两种。

利用服装 CAD 进行服装样板设计时，会涉及以下制图。

（一）弯驳领时装款式图（图 5-1）。

图 5-1　弯驳领时装款式

（二）设置号型规格表。

（三）用服装 CAD 绘制出弯驳领时装结构图（图 5-2、图 5-3）。

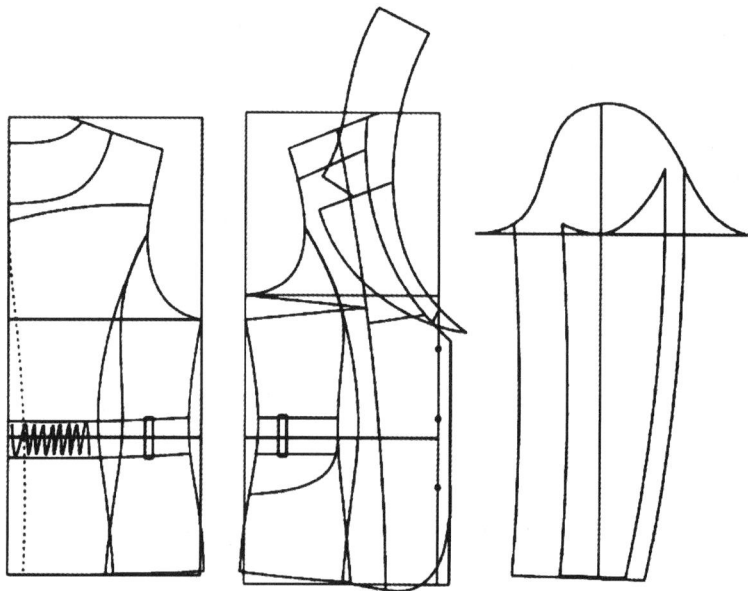

图 5-2　弯驳领时装结构

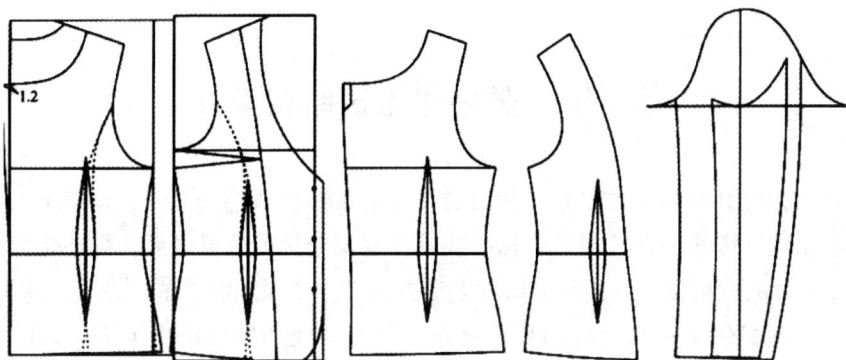

图 5-3 弯驳领时装里布结构

（四）用服装 CAD 绘制出弯驳领样板图（图 5-4、图 5-5）。

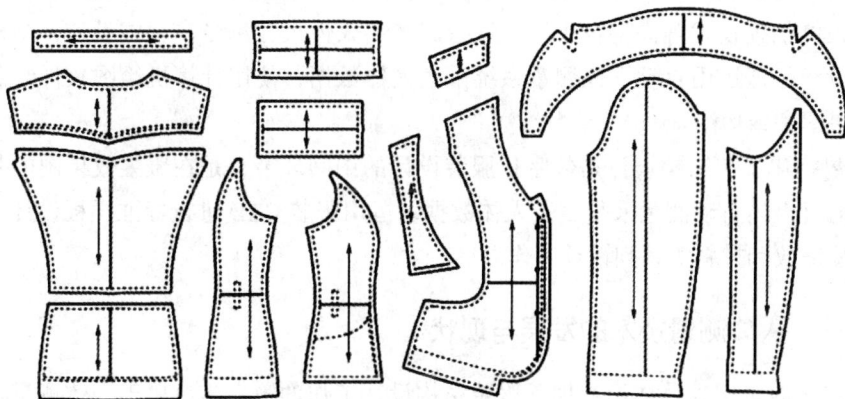

图 5-4 弯驳领时装样板图 1

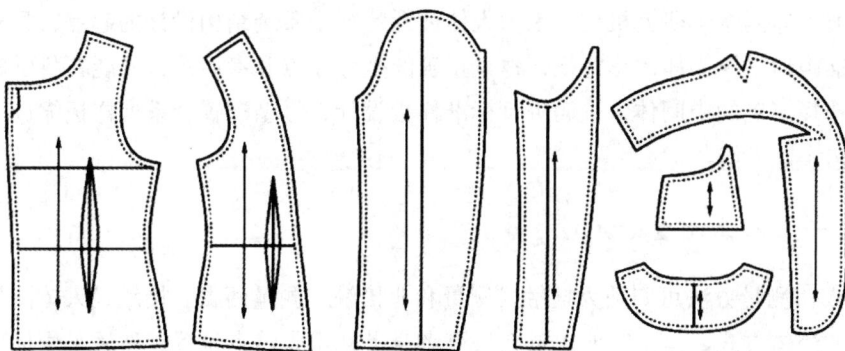

图 5-5 弯驳领时装样板图 2

# 第三节　数字化服装结构设计

数字化服装结构设计是数字化服装设计的重要组成部分之一，是三维人体测量技术和计算机辅助设计在数字化服装设计领域应用的重要成果。数字化服装结构设计方法的应用使传统的服装结构设计方法产生了深刻的变革，为服装的设计、生产与管理提供了现代化的高科技手段，为服装业的发展提供了更广阔的发展空间。

服装设计可分为服装款式设计、服装结构设计和服装工艺设计三部分。传统的服装设计方法是使用各种画笔、尺子等工具，测量服装用人体尺寸，在纸上绘制服装款式效果图和服装结构图。数字化服装设计则是借助计算机辅助设计技术、三维人体扫描技术等高科技手段，进行服装用人体尺寸测量、款式设计、结构和工艺设计，即运用自动人体测量系统采集人体数据，使用计算机绘图软件绘制服装效果图和结构图。

数字化服装结构设计是数字化服装设计的中间环节，是在服装效果图的基础上，通过人体自动测量采集服装人体数据，运用服装 CAD 进行标准样板设计、系列样板缩放和排料等系列设计工作。

## 一、人体测量技术的发展与现状

采集服装用人体体形数据是服装结构设计工作的第一步，属于人体测量学的研究范畴。人体测量学研究的水平直接影响其相关领域的发展水平，对服装业的发展更是有着重大而深远的影响。服装业发展水平较高的国家均具有完善的、高水平的人体测量学研究机构。因为人体体形特征是服装结构设计的起点，只有客观、准确地掌握人体体形特征，建立正确的坐标原点和参照系，才能在科学的基础上选择正确的中间体，进而进行标准样板设计、号型配置、系列样板缩放等服装结构设计工作。

### （一）人体测量方法

人体测量方法可归纳为接触式测量和非接触式测量两类。接触式人体测量是传统的测体方式，是由专业人员在被测者身上标出骨骼点位置，然后采用标准测体工具进行人体各部位数据的测量，测体过程需要与被测者的身体接触，故称为接触式人体测量。非接触式人体测量则是采用专用测体设备，由人工操作设备，或专用设备自动完成人体各部位数据的测量，测体过程不需要与被测者的身体接触，故称为非接触式人体测量。

接触式人体测量用骨骼点定位，人体各部位数据准确，多用于原型和内衣类产品的设计。但因其由人工操作，不同的操作者对标准的掌握存在差异，会产生测量数据误差，并且进行大范围测体需要耗费大量的人力和时间。而非接触式人体测量采集的是人体体表数据，测体过程快，标准化程度高。三维人体自动测量就是采用非接触式人体测量方式，自动完成人体数据测量的过程。

## （二）人体自动测量技术的发展与现状

人体自动测量技术的核心是三维人体扫描技术，三维人体扫描仪是人体自动测量系统的关键设备。20 世纪 90 年代，三维人体非接触扫描仪进入商品化阶段。三维人体扫描技术一经面世，即得到迅速推广和运用，其功能也在不断地完善，人体全身扫描技术日趋成熟。

根据所用光源的不同，人体扫描仪可分为激光和非激光两类。三维人体扫描技术是采用非接触式人体测量方法获取人体体表空间曲面数据，生成人体模型，客观而全面地反映被测者的体形特征。为了便于进行大规模的人体测量，近年来，还开发出了移动式三维人体自动测量系统，即车载式三维人体扫描系统。

在目前已面世的三维人体扫描系统中，Cyberware WB4 是世界上第一个人体全面扫描系统，可以产生高分辨率的人体外表数据组。Telmat 公司曾经开发出一台阴影扫描仪 SYMCAD，用于服装工业。Tecmath 公司开发了一套全身人体扫描系统，扫描时间不到 2 s。Lectra 公司和 Tecmath 公司联手开发并推广 Lectra-Tecmath 人体测量技术，用于大批量定做服装的综合人体测量。

在移动式三维人体扫描技术方面，Scanline 是第一个车载三维人体扫描系统。它采用 Tecmath 公司开发的 3D Body Scanner VI-TUS/Smart 和 3D Foot Scanner PEDUS，能够在几秒钟内完成身体和足部的测量工作。国内也有一些科研机构和高等院校进行人体自动测量系统的研究，并相继推出了商品化系统。例如，北京天远三维科技有限公司的天远三维扫描系统采用非接触式光学（卤素光源）扫描；西安电子科技大学研制的非接触式三维人体测量系统采用红外光投影、单机二维摄像提取人体三维体形信息的方法进行测体。

人体自动测量技术的出现实现了人体体形的数字化描述，具有操作简便、测量过程快捷、测量数据客观、传输方便等特点。人体自动测量系统构成人体数据采集、分析处理与数据传输体系，能够及时掌握客户的体形数据，并能够跟踪其变化，为样板设计提供准确数据。

## 二、服装 CAD 技术的发展与现状

### （一）服装 CAD 的结构设计内容

服装 CAD 的结构设计功能是数字化服装设计技术中最完善、应用最广泛的部分之一。它包括样板设计、样板缩放和排料三个主要内容。

#### 1. 样板设计

服装样板设计是将服装款式造型用尺寸数据表达，并通过服装结构图的形式描述三维服装转化为二维样片的结果。服装样板设计包括服装规格设计和服装结构图绘制两部分内容。在数字化标准样板设计中，绘制服装结构图的软件属于矢量绘图软件，以矢量的方式生成或处理数据，绘制生成的矢量图通堂占用较小的硬盘空间。图形放大、缩小或旋转时不会影响图形质量。

#### 2. 样板缩放

样板缩放又称推版或放码，是按照所需的号型系列的档差，将标准样板缩放成系列样板，是成衣生产的重要环节。在数字化结构设计中，需要按照所需号型系列建立尺寸表，服装 CAD 系统可根据标准样板与尺寸表自动完成样板缩放。

#### 3. 排料

排料是指将系列样板按照要求平铺在面料上，并进行画样、裁料。在数字化结构设计中，排料可由服装 CAD 系统自动完成，也可采用人机交互的形式，根据需要移动、旋转样片，还可以同时设计出多个排料方案，以便对比选择。

### （二）服装 CAD 技术的发展和现状

计算机辅助设计技术是计算机图形处理技术在设计领域的重要应用成果，包含建筑设计、机械设计、工业设计、广告装潢设计等工程和艺术类设计内容。随着计算机技术的不断更新，CAD 技术发展迅速，已成为计算机应用技术的重要内容。

CAD 技术首先在工程设计领域运用，20 世纪 60 年代末 70 年代初才开始应用于服装设计领域。20 世纪 60 年代末，美国率先研究开发服装 CAD 技术。1972 年，美国 Gerber 公司推出了商品化的服装 CAD 系统，该系统具有制版、推版 / 排料两

个基本功能。因此，服装结构设计是 CAD 技术在服装设计中最先使用的领域，也是数字化服装设计的起点。随后，法国、西班牙、英国、瑞士、德国、日本、意大利、中国等国也相继开发出了各自的服装 CAD 系统，并在批量服装生产企业中得到了迅速推广。

随着计算机处理彩色图像、图形功能的出现，服装 CAD 技术更加完善地应用于服装款式设计领域，服装 CAD 具有了服装款式设计、样板设计、推版 / 排料三个基本功能，覆盖了除人体数据采集之外的服装款式和结构设计的基本内容。

虽然商品化的服装 CAD 系统品牌很多，各有其特点与适用范围，但其基本功能相似，即具有服装款式、样板设计、推版 / 排料三个基本功能。在传统的生产模式中，推版和排料是企业设计、生产流程中的瓶颈，工作量大，费时、费力，且容易出错。服装 CAD 系统的推版和排料功能使企业的推版和排料实现了自动化，解决了长期困扰企业的瓶颈问题，缩短了设计生产周期，提高了样板的准确性，把技术人员从繁重的重复劳动中解放出来。另外，计算机的大容量存储功能为服装系列样板和成品尺寸表等技术资料的保存提供了更大的空间，并方便资料的查询。因此，推版和排料功能至今仍是服装 CAD 技术在实际生产中使用最多、最实用的功能。

在目前各种服装 CAD 系统提供的三个基本功能中，样板设计功能还不能满足样板设计师的全部要求，在实际的设计工作中使用得较少。通常样板设计师用铅笔、尺子、纸等传统工具完成 1：1 标准样板的设计，再使用服装 CAD 系统提供的图形输入工具将其输入计算机，在标准样板的基础上，进行后续的推版和排料工作。因此，服装 CAD 中的样板设计功能的实用性还有待完善。

服装 CAD 技术的使用给服装设计与生产方式带来了深刻的变革，把设计师与生产者从重复性的手工绘图、计算、资料查阅与技术资料管理等繁重的劳动中解放出来，缩短了产品开发周期，提高了工作效率，降低了成本，更重要的是，提高了企业对多变的市场需求的快速反应能力，从而增强了企业的竞争能力，为企业带来了巨大的经济效益。数字化服装设计技术的运用已成为服装企业生产现代化的标志。

在发达国家，服装企业普遍采用数字化服装设计技术。据统计，美国大多数的服装企业拥有服装 CAD/CAM 系统；在欧洲，服装企业 CAD/CAM 系统的拥有率达到 70% 以上。

近年来，随着我国现代化服装企业的迅速崛起，面对日益激烈的市场竞争，为了提高企业对市场需求的快速反应能力，在现代服装设计与生产过程中，数字化服装设计手段也得到了迅速推广运用。

## （三）服装 CAD 系统的支撑环境及应用软件

服装 CAD 系统的支撑环境包括硬件、系统软件、应用软件。

### 1. 硬件

服装 CAD 系统的基本硬件由 CAD 工作站、图形输入、输出设备组成。其中，CAD 工作站是具有运算处理、图形交互处理功能的计算机系统，包括主机、显示器、键盘和鼠标；常用的图形输入设备有数字化仪、扫描仪、摄像机和数码相机等；图形输出设备有绘图仪、打印机等。

### 2. 系统软件

广义的系统软件是面向硬件和资源管理，并为其他程序提供服务的程序集合，如各种操作系统、编译程序、各种应用软件开发工具以及各种数字化服装设计的专用支撑软件，主要包括图形设备驱动程序、图形文件管理规范、面向应用的图形程序管理包、二 / 三维图形交互处理系统、三维几何造型系统、真实图形生成系统、结构分析系统、数据库及管理系统、网络通信系统、汉字处理系统、知识库及管理系统等。

### 3. 应用软件

应用软件是面向用户，完成特定功能的程序集合。数字化服装设计专用的应用软件种类很多，在不同的支撑环境下，系统采用的硬件配置、系统软件等均有所不同。不同品牌的系统各有其特点与适用范围。在数字化结构设计方面，这些应用软件的基本功能相似，均具有样板设计（制版）、样板缩放（推板）和排料两个子功能，其操作界面、绘图工具种类及具体操作方法略有不同。

由此可见，能够自如运用计算机辅助服装设计工具的共同前提是使用者应是已经掌握了服装设计基本知识和方法的专业人员，即从事服装款式设计、服装结构设计的专业人员。就计算机辅助服装结构设计而言，使用这一高科技工具的人必须掌握服装结构设计的基本知识和方法，并具有根据服装款式及人体主要控制部位尺寸进行规格设计、结构制图的能力，同时具有相关的计算机基础知识，掌握绘制服装结构图的应用软件的使用方法。简而言之，无论是使用纸、笔、尺子之类的传统工具，还是使用计算机这一高科技工具，使用者必须具有服装款式、结构设计的能力，具有绘制服装效果图、结构图的能力。

### 三、数字化服装结构设计的发展趋势

数字化服装设计发展至今，已实现了服装人体数据的自动采集、计算机辅助服装设计（CAD）、计算机辅助服装工艺设计（CAPP）和计算机辅助服装制作（CAM）。在数字化结构设计方面，实现了样板缩放与排料的自动化、固定款式样板的自动生成；在工艺设计与制作方面，部分款式实现了工艺设计、铺料和裁剪、成本核算和生产过程管理的自动化。

随着计算机技术的不断发展，数字化服装设计技术必将进一步发展，实现真正意义上的三维服装与二维样片的自动转换、二维样片自动重组，实现CAD/CAPP/CAM 一体化系统，同时运用信息技术形成设计、生产、管理、质量控制和销售数字化体系，建立面对多变的服装市场需求的快速反应机制，进而实现计算机集成制造系统（CIMS），实现服装设计、生产、管理、质量控制及销售的全面自动化。

# 第四节　数字化服装定制

当前，尝试服装定制的人越来越多，服装定制逐渐成为一种时尚。当人们的物质生活丰富的时候，人们的生活空间和生活方式有着更多的延展，在出席商务谈判、聚会、庆典等多种社交场合时需要用不同的服饰体现自己的修养、社会层次或经济地位。品牌服装的模糊性有时无法概括这种丰富性，服装定制却能够从容应对，这就给服装定制市场带来了无限商机。

随着人们对穿着打扮的精益求精，不同消费层次的服装定制频频出现，敢于尝试并且有能力尝试高级定制的人正在稳步增多。定制服装能满足消费者对服装的所有个性化的渴望。拥有专属于自己的个性衣装，可向人们展示自己不同一般的身份和个性，强调自己的与众不同，展示"个性时尚"的风采。

传统的服装定制基础是人体测量、样板制作、成衣试穿。成衣规格来源于人体尺寸，制版需要技术人员的技能和经验，试穿需要消费者本人直接参与。由于人体体形、个体要求以及服装制作过程的复杂性，在很多情况下，现在的成衣生产很难满足消费者合体、舒适和个性化的需求。随着计算机数字化技术的发展，服装测量、制版、试穿方面的研究已经取得了显著的成果，形成了由三维人体扫描获取量体数据、二维服装制版制作和三维虚拟试衣三个要素构成的数字化服装定制技术。这种新的服装定制生产模式是现代意义的度身定制的服装生产方式，

数字化和信息网络化技术带来的个性化服务是这种定制生产模式区别于传统单量、单裁服装定制生产的重要标志。

数字化服装量身定制英文为 Electronic Made to Measure，简称 EMTM。数字化服装量身定制系统是将产品以及生产过程重组转化为批量生产。先通过三维人体扫描系统获得客户人体各部位规格信息，将其通过电子订单传输到服装生产 CAD 系统，系统根据相应的尺码信息和客户对服装款式的要求（放松量、长度、宽度等方面的信息），在服装样板库中找到相应的匹配样板，此系统从获取数据到样衣衣片完成、输出可以缩短到 8 秒，最终进行系统快速反应方式的生产。按照客户的具体要求量身定制，做到量体裁衣，使服装真正做到合体、舒适。对于群体客户职业装或者制服的定制，需要寻找与之相应的合身的尺码组合。整个操作过程从获取数据到成衣完成需要 2~3 天的时间，缩短了定制生产时间，提高了企业的生产速度。

在网络定制平台上，将原本需要消费者提供的个人信息也简化成了一些标准性的语言供消费者选择。在填写了有关尺寸信息后，消费者只需要针对各个部位挑选自己喜欢的样式就可以完成前期定制过程。从定制一件产品开始，可以通过这套 IT 系统追踪这个消费者。在生产的过程中，可以及时地通过短信、电子邮件等方式通知消费者定制产品已经生产到什么程度了，大概还需要多少时间就可以拿到，让消费者减少等待的焦虑。数字化服装量身定制系统利用现代三维人体扫描技术、计算机技术和网络技术将服装生产中的人体测量、体形分析、款式选择、服装设计、服装订购、服装生产等各个环节有机结合起来，实现高效、快捷的数字化服装生产链条。作为一种全新的服装生产方式，数字化服装量身定制生产已经成为国内外服装生产领域研究的重点，并将成为未来数字化服装生产的一个重要发展方向。

# 第六章 基于云数据处理的三维人体扫描点测量技术

## 第一节 扫描点云数据的获取

### 一、扫描设备

本节利用基于双目立体视觉原理的便携式三维人体扫描系统对人体进行扫描，获取人体点云数据。

### （一）扫描系统基本原理

系统采用双目立体视觉原理，由两台高速摄像装置从不同角度同时获取人体的数字图像，并基于视差原理恢复人体的三维几何信息。系统的主要工作流程如图 6-1 所示。

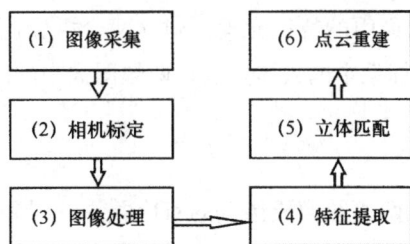

```
(1) 图像采集  ──→  (6) 点云重建
      │                  ↑
      ↓                  │
(2) 相机标定       (5) 立体匹配
      │                  ↑
      ↓                  │
(3) 图像处理  ──→  (4) 特征提取
```

图6-1 便携式人体扫描系统工作流程

### 1. 图像采集

不同位置的两台摄像装置经过移动或旋转拍摄同一幅场景，获取立体图像对（$p_1$ 与 $p_2$）。采集图像时要考虑系统的应用要求，还要考虑摄像机性能、光照条件、视点差异等因素的影响。

### 2. 相机标定

摄像机标定的目的是解决被扫描人体在不同位置的两台摄像机中的投影图像像素间的对应关系问题。通过确定摄像机的内部参数和外部参数来计算扫描人体在世界坐标系中的位置，采用一定的标定算法，如线性变换法、非线性优化法、神经网络和遗传算法等，解决同一扫描视点在两台摄像机中的投影图像的像素间视差问题。

### 3. 图像处理

受扫描环境、系统误差、算法不足等影响，人体扫描图像中常常会包含部分噪声点，必须通过图像处理，包括降噪、图像对比度的增强、边缘特征的加强等，去除原始图像中的无用信息，提高图像质量，以便于图像的后期处理。

### 4. 特征提取

为便于立体匹配，扫描前在人体特征部位粘贴标记点，通过提取两台摄像机图像中特征标记点和人体特征结构点来实现两幅图像的立体匹配。

### 5. 立体匹配

根据提取的两幅图像中的特征元素，建立两台摄像机中的两幅图像之间的对应关系，将同一世界坐标系中的人体点云在两幅图像中的成像点对应起来。

### 6. 三维信息恢复

通过立体匹配完成两幅图像成像点的对应关系并得到视差图像后，就可以恢复扫描人体的三维信息。通常，数据处理误差的存在可能会使人体三维信息不完整，在进行人体表面重构之前，可应用插值的方法对三维人体点云进行处理。

## （二）扫描系统结构

系统把激光作为光源，将两个激光投射装置投射的激光条纹初始定位在同一高度，并以相同步长同时向下扫描人体，人体前、后各有两台摄像机，与激光投射装置同步拍摄人体正、背面图像。系统主要结构如图 6-2 所示。

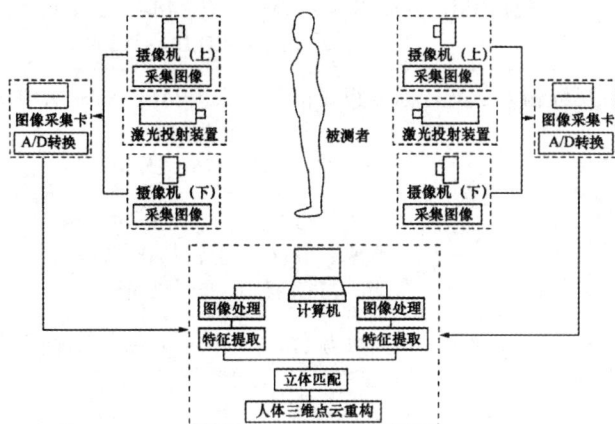

图 6-2　扫描系统的结构

图 6-2 中，硬件设备主要由 4 台摄像机、2 个激光投射装置、2 个采集卡和 1 台微型计算机等组成。另外，为便于进行相机标定，有人自行设计制作了棋盘格标定板，主要硬件型号及参数如表 6-1 所示。

表6-1　主要硬件型号及参数

| 设备 | 主要性能 |
|---|---|
| 摄像机 | 传感器类型：逐行扫描 CCD<br>尺寸 $[W \times H \times D(mm)]$：$56 \times 50.6 \times 50.6$<br>最高分辨率：$1\,024 \times 768$<br>传感器光学尺寸：1/3"<br>像素尺寸：$4.65\mu m \times 4.65\mu m$<br>同步方式：外触发或连续采集<br>帧速率：30 fps<br>可编程控制：图像尺寸、亮度、增益、帧率、曝光时间等<br>镜头装配接口：C/CS 接口 |

| 设备 | 主要性能 |
|---|---|
| 镜头 | 焦距（Focal Length）：12 mm<br>相对通光孔径（Aperture）：F1.4–C<br>像面尺寸（Format）：2/3″<br>视角（Angle of View）：水平（$H$）40.4°，垂直（$V$）30.8°<br>最近物距（M.O.D）：0.3 m |
| 采集卡 | 视频输入：支持标准视频信号输入（PAL、NTSC），具有高清晰度的<br>S-Video 接口<br>分辨率：768×576，25/30 帧/s |
| 微型计算机 | 内存：2 G 以上<br>硬盘：200 G 以上，7 200 转以上<br>PCI 接口：至少 5 个 |
| 棋盘格标定板 | 盘格内的角点数为 11×8（横向 × 纵向），间距为 5 mm |

　　扫描系统基于 Visual C++6.0 平台，借助 OpenGL 库函数和 OpenCV 库函数进行软件开发，结合硬件性能分别实现对人体的点云数据采集、摄像机标定、扫描图像处理、人体特征提取、前后点云数据匹配、人体表面三维重建等。

## 二、人体扫描实验

### （一）人体扫描实验条件与要求

　　为便于扫描系统识别人体表面并方便后期人体扫描点云数据处理，被扫描者应尽可能不着装或少着装。因此，实验要求被测者立姿、赤足、仅着轻薄内衣并用头罩或者发簪梳起头发。同时，在人体表面主要位置粘贴标记点，标记点的位置应能够同时在前后摄像机中成像。被测者按图 6-3 所示的姿势站立在前、后摄像机之间，双腿分开与肩同宽，双臂张开与身体侧线约成 45°，露出腋点和裆点。

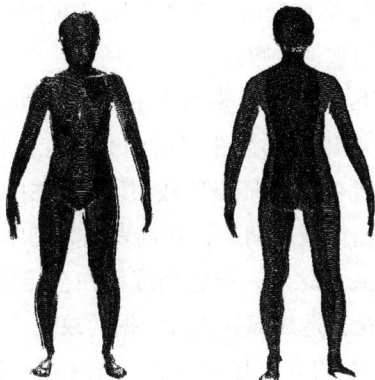

图 6-3　人体正、背面初始点云模型

## （二）人体扫描

### 1. 扫描系统参数设置

摄像机的帧率：$fps = 60$。

激光每秒钟移动的距离：$dps = 0.22$ m，相当于每拍摄一幅图像激光线向下移动 $dpi = 3.667$ mm。

光源定位高度：2.2 m。

### 2. 扫描过程

自上而下扫描人体，扫描时间大约为 10 s。系统软件自动对拍摄的人体图像进行处理，生成人体正面和背面点云模型（图 6-3）。

## 三、扫描点云特征分析

图 6-3 是人体点云模型。人体初始点云模型由一组平行扫描线组成，每条扫描线都是人体的一个横截面线且都处于 $xOz$ 平面内，扫描线上点的 $y$ 坐标值相等，$x$ 和 $z$ 坐标值不同，因此每条扫描线的点可看成是 $xOz$ 平面内的二维点集。

扫描设备自上而下对人体进行扫描时，获得的是与人体横截面线平行的扫描线，同一高度处的人体部位（如躯干与手臂、左腿与右腿等）的点云处在同一水平线上，所以在进行人体模型重建时，若不采取合理的处理措施，这些部位会连在一起，这将导致人体模型重建失败。

因扫描环境、设备等因素，点云模型中不可避免地存在噪声点，包括这些方面。①重叠点：是前、后两组投影装置投射的光线在人体边缘处的重叠造成的。②远离点：由扫描系统偏差和扫描环境所致。③单条扫描线上的点比较密集，点与点之间的距离远远小于扫描线的间距，并且表现为无序状态。④部分人体表面，如头顶、裆下、腋下、足底等区域，被遮挡或漏扫导致扫描盲区，因此点云模型中往往存在孔洞，进而这会造成部分点云数据的缺失。

针对扫描线点云中存在的以上几个问题，可有这些解决方法。①区域分割：对人体进行区域划分，将手臂和人体躯干、左腿和右腿的点云隔离，实现人体局部点云数据单元化。②点云降噪：采用相关降噪算法，去除人体扫描线点云中的各种噪声点。③点云精简：在保持扫描线点云细节特征的情况下精简扫描线上的数据点。④孔洞修补：对人体点云数据中的孔洞进行修补。

# 第二节　人体扫描点云降噪

目前，对扫描点云中噪声点的处理主要有两种常用方法。

## 一、选点修改法

该方法是指通过调整噪声点的位置消除噪声点的影响，使曲线、曲面变得光顺。其中，噪声点的判别和噪声点位置的调整是该方法的关键。

## 二、选点删除法

该方法是指直接将噪声点删除，其关键是优化噪声点的判别算法。

根据前文分析，扫描点云中可能存在两类噪声点。其中，第一类噪声点，即重叠点，是人体真实数据点，反映人体表面特征，所以不能将其直接删除。调整点的位置也不能完全消除其对扫描线光顺的影响。另外，重叠点使点云数据显得冗余，增加了处理数据量。第二类噪声点是远离点，远离点对于人体真实数据点来说是多余的，通常将相邻两点之间的距离与预先设定的距离阈值进行比较即可判别，但如果扫描线上存在孔洞，则用该方法时有可能把孔洞的边界点误认为远离点。

通过以上分析我们可知，不管扫描线上是否存在孔洞，若相邻的点为人体真实数据点，则它们与扫描线几何中心点 $P_C$ 之间的距离变化很小，据此可以判别远离点，并在该基础上通过点到直线的距离判别重叠点（图6-4）。

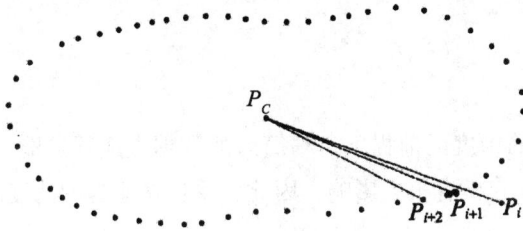

图6-4　重叠点和远离点

（1）假设扫描线的几何中心点为 $P_C$，并设置长度差阈值 $\Delta l$ 和距离差阈值 $\Delta d$。

（2）将扫描线上的数据点 $P_i$、$P_{i+1}$ 与 $P_C$ 相连接，计算 $P_cP_i$、$P_cP_{i+1}$ 线段长度 $l_i$、$l_{i+1}$；建立直线方程

$$\frac{x-P_i \cdot x}{P_i \cdot x - P_c \cdot x} = \frac{z-P_i \cdot z}{P_i \cdot z - P_c \cdot z}$$

（3）若 $|l_i - l_{i+1}| > \Delta d$，则 $P_{i+1}$ 为远离点，将其删除，并将其后面的点前移；若 $|l_i - l_{i+1}| \leq \Delta d$，则 $P_{i+1}$ 为人体真实数据点，代入上述公式，若

$$\left| \frac{P_{i+1} \cdot x - P_i \cdot x}{P_i \cdot x - P_c \cdot x} - \frac{P_{i+1} \cdot z - P_i \cdot z}{P_i \cdot z - P_c \cdot z} \right| < \Delta d$$

则 $P_{i+1}$ 为 $P_i$ 的重叠点，并判断 $P_{i+2}$ 与 $P_i$ 是否为重叠点。如果是，则对下一个点进行判断；如果不是，则计算重叠点坐标的平均值并以此为新点坐标，用该点代替所有重叠点，并将重叠点后面的点迁移。

# 第三节　人体扫描点云数据精简

## 一、点云数据精简的基本原则

点云精简后如果剩余的点较多，就起不到精简的作用，但如果剩余的点太少，可能会丢失大量信息，影响人体模型质量。因此，点云精简要采用效率较高的算法，在最大程度保留数据原始信息的基础上，删除不必要的点。点云数据精简应遵循以下原则。

## （一）精度

应尽可能保留人体表面点云的细节特征，精简前后的点云数据偏差应较小，在一个可接受的范围之内。

## （二）简度

在保证点云精简精度的前提下，精简后的数据点应尽可能少。但是点云如果过少，将对后续曲面建模有很大影响。因此，要选择适当的简度。

## （三）速度

由于扫描点云的数据量庞大，所以在保证精度和简度的前提下，应选择高效的点云精简方法。

## 二、常见扫描线点云数据精简方法

点云的精简是点云处理的一个基础步骤，可以去掉原始点云数据中的冗余信息，得到一个简化的点云模型，以有利于点云的后续处理。

真实人体表面通常含有丰富的细节，所以得到的点云模型往往非常复杂。为了满足后续建模需要，必须选择合适的方法将点云简化到适当的程度。对于不同的人体数据点云，有不同的数据精简方法。目前主要的点云精简方法有两种：角度弦高法和弦偏差法。

## （一）角度弦高法

该方法是指先设定角度误差和弦高误差，然后计算扫描线上相邻点的夹角和弦高，通过比较夹角和弦高与设定值的误差来决定该点是否可删除，其基本原理如图 6-5 所示。

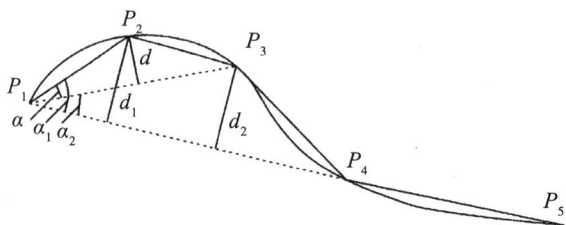

图 6-5　角度弦高法基本原理

精简过程按以下步骤进行。

（1）设置 $\Delta\alpha$ 和 $\Delta d$，将扫描线上第一个点 $P_1$ 作为基准点。

（2）连接基准点和扫描线上基准点后的第三个测量点 $P_3$，若 $P_3$ 不存在，则说明扫描线上的点已经处理完毕，否则计算 $P_1P_2$ 和 $P_1P_3$ 的夹角 $\alpha$ 和距离 $d=\overline{P_1P_2}\sin\alpha$。

（3）若 $\alpha\geqslant\Delta\alpha$ 且 $d\geqslant\Delta d$，则保留 $P_2$ 点，将 $P_2$ 作为基准点，重复第（2）步。

（4）若 $\alpha<\Delta\alpha$ 或 $d<\Delta d$，则删除 $P_2$ 点，连接 $P_1$ 和 $P_4$ 点，若 $P_4$ 不存在，则说明扫描线上的点已经处理完毕，否则计算 $P_1P_2$ 和 $P_1P_4$ 的夹角 $\omega$ 和距离以及 $P_1P_3$ 和 $P_1P_4$ 的夹角和距离。

（5）若 $\alpha_1>\alpha$，$\alpha_2>\alpha$，$d_1>d$，$d_2>d$ 有一个成立，则保留 $P_3$ 点，并将其作为基准点，重复第（2）步；否则，删除 $P_3$ 点，重复第（4）步。

### （二）弦偏差法

弦偏差法以连续点之间的弦偏差为判断标准来决定哪些点该保留，哪些点该删除，其基本原理如图 6-6 所示。该方法适合精简规律分布的数据点。

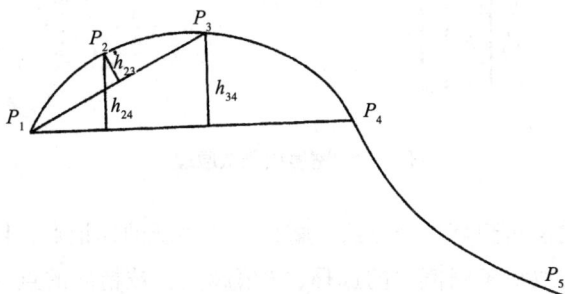

**图 6-6 弦偏差法基本原理**

精简过程按以下步骤进行。

（1）确定弦偏差值 $s$，将第一个扫描点 $P_1$ 作为基准点。

（2）连接 $P_1P_3$，若 $P_3$ 不存在，则说明扫描线上的点已经处理完毕，否则计算点 $P_2$ 到直线 $P_1P_3$ 的距离 $h_{23}$。

（3）若 $h_{23}>s$，则保留 $P_2$ 点，并将 $P_2$ 作为基准点，重复第（2）步。

（4）若 $h_{23}<s$，则删除 $P_2$ 点，连接 $P_1P_4$，若 $P_4$ 不存在，则说明扫描线上的点已经处理完毕，否则计算点 $P_2$ 和 $P_3$ 到直线 $P_1P_4$ 的距离 $h_{24}$ 和 $h_{34}$。

（5）若 $h_{24}>s$ 或 $h_{34}>s$，则保留 $P_3$ 点，并将其作为基准点，重复第（2）步。

（6）若 $h_{24}<s$ 且 $h_{34}<s$，则删除 $P_3$ 点，重复第（4）步。

数字化背景下三维服装模拟技术与虚拟试衣技术的应用

三、宽度检测法

在利用便携式人体测量系统扫描人体时，获得的是人体扫描线点云，可采用宽度检测法对扫描线点云进行精简。该方法的具体操作如下。

（1）选择合适的阈值 $T$，$T$ 往往取值于扫描线对应的人体宽度 $D$，即 $T = (0.001 \sim 0.01)D$。

（2）沿 $x$ 方向将扫描线分成两个部分。

（3）将每一部分扫描线的第一个点作为标记点 $P_1$，其后有 $m$ 个点，其中第 $r$ 个点记作 $P_r$。在 $x$ 方向，宽度 $h_r = |x_r - x_1|$。

（4）采用以下方法比较 $h_r$ 与 $T$（图 6-7）：①如果在 $T$ 范围内只有 1 个点，则保留该点；②如果在 $T$ 范围内有若干个点，则保留最接近 $T$ 值的点，删除其余的点。

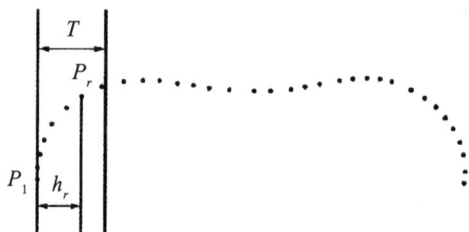

图 6-7　宽度检测法原理

应用宽度检测法得到第二个点后，将该点作为新的标记点，依此类推至最后一个点。精简效果取决于阈值 $T$ 的选择，$T$ 值越大，被精简的点云越多。经过试验比较，当 $T = 0.006D$ 时（图 6-8），人体点云被精简至 61%。

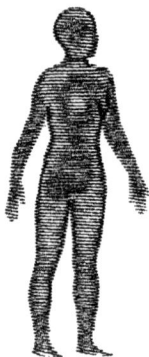

图 6-8　精简后的人体点云模型

# 第四节　人体扫描点云孔洞修补

## 一、扫描点云孔洞修补方法概述

在人体扫描过程中，受设备自身缺陷和外界环境的影响，人体的某些部位（如腋下、裆部等）存在扫描盲区，同时人体的头顶、肩部、足底等部位容易漏扫，这样往往会导致人体点云模型存在孔洞。这些孔洞的存在会影响后续的操作，应该先进行孔洞的修补，再对其进行曲面重构。

针对点云数据孔洞修补，目前主要有两种方法：第一种是在三角网格面重构之后，对三角网格面进行孔洞修补；第二种是直接对扫描点云数据进行孔洞修补。

### （一）点云三角化后孔洞的修补

早期针对三角网格面的孔洞修补算法主要考虑如何对孔洞边界进行连接，得到封闭的孔洞区域。但是，这些算法大都采用直接对孔洞边界进行连接的方式，没有增加新的三角片顶点，因而难以获得较好的三角片形状。

后来，很多研究者开始对孔洞区域内部的三角划分问题进行研究。

Pfeifle 等依据三角片的边长情况，采用三角细分算法对用边界连接得到的孔洞进行细分，采用 Delaunay 三角剖分算法对相邻三角片的公共边进行调整并在孔洞内部生成新的三角片。该方法对位于较平坦区域内的孔洞的修补效果良好，但对于曲率变化较大的孔洞，因新生成的三角片与其周围的原网格曲面不能光滑连接，修补效果欠佳。

Liepa 在 Pfeifle 方法的基础上，对新增三角网格与其周围原三角网格采用网格光顺的方法进行顶点位置调整，使新生成的三角网格与其周围网格光顺连接。

Davis 采用体数据场融合的方法进行孔洞修补。该方法先通过迭代计算建立一个能够描述孔洞及其周围曲面的场函数，然后用 MC（Marching Cube）算法网格化显示整个模型。该算法对大部分的孔洞有较好的修补效果，但由于要用 MC 方法整体重新输出修补后的模型，因此会改变原有的网格模型。

张丽艳等将孔洞多边形投影到平面上，通过根据投影后的孔洞多边形边界的夹角关系不断生成新的三角片来完成对孔洞三角片的填充。

### （二）扫描点云数据孔洞的直接修补

国内外有大量研究者对扫描点云数据的孔洞修补方法进行研究。

Pavel 先计算扫描点云的邻近点并对孔洞边界进行描述，然后使用边界点的邻近点构造的曲面进行孔洞修补。

陈飞舟通过构建 KD-Tree（K-Dimension Tree）自动提取出点云数据的全部边界，然后对边界点进行参数化，最后通过径向基函数表示的插值曲面计算位于孔洞内部的数据点，实现对孔洞的修补。

陈志扬提出利用方差和平均曲率确定补测数据影响区域 $\Omega$ 的方法。利用该方法时可根据边界轮廓的复杂度计算出影响区域 $\Omega$ 的大小，然后利用影响区域 $\Omega$ 内的数据点构造逼近的 $B$ 样条曲面，最后在 $B$ 样条曲面上计算采样点并将其作为新增数据点。该算法相对于直接利用孔洞边界轮廓生成补测数据的算法，有较"光顺"的连接效果。

邱泽阳先用人工交互的方式在孔洞附近提取不共线的三个点，构成一个三角形，然后将局部测试点向该三角片所在平面投影，构造初始三角 Bezier 曲面片，并进行迭代求精，最后在满足条件的三角曲面片中取点完成孔洞修补。

顾园园先利用各数据点的邻域信息，根据其 $K$ 邻域点的分布均匀性检测孔洞边界特征点，然后采用基于邻域信息的边界扩张方式进行孔洞填充，实现散乱点云模型的孔洞修补。

## 二、基于空间灰色理论的人体扫描线点云孔洞修补

通过试验分析我们得知，上述方法不适用于扫描线点云的孔洞修补。据前文所述，人体点云模型由若干条封闭的扫描线组成，同一条扫描线上的点位于同一扫描平面内，这些点存在必然的内在联系，同一扫描线上的点在某种程度上处于一个空间灰色系统。因此，针对每条扫描线建立空间灰色模型，利用原始点云数据预测新的点云数据，可实现对扫描线的孔洞修补。

### （一）空间灰色模型的数学原理

灰色系统理论通过灰色生成弱化数据序列的随机性并研究其内在的规律，通过建立灰色生成序列的微分方程实现对无序数据序列的预测，从而为构造信息不完全的研究对象模型提供了一条可行的途径。

灰色系统理论主要通过灰色生成处理将原始无序数据序列变成有序数据序列，通过求解微分方程建立灰色动态模型。空间灰色模型解决的是空间点的序列问题。

假设 $P$ 是一组人体测量点序列：

$$P = [P(t_1), P(t_2), \quad, P(t_k), \quad, P(t_n)], k = 1, 2, \quad, n$$

可以用以下数据序列表示原始数据序列：

$$P = [P^{(0)}(1), P^{(0)}(2), \quad, P^{(0)}(k), \quad, P^{(0)}(n)], k = 1, 2, \quad, n$$

根据公式 $P^{(1)}(k) = \sum_{i=1}^{k} P^{(0)}(i)$ 进行一阶累加生成，得到以下数据序列：

$$P^{(1)} = [P^{(1)}(1), P^{(1)}(2), \quad, P^{(1)}(k), \quad, P^{(1)}(n)], k = 1, 2, \quad, n$$

一组新的数据序列可生成：

$$Q^{(1)}(k) = \frac{1}{2} P^{(1)}(k) + \frac{1}{2} P^{(1)}(k-1)$$

然后建立微分方程：

$$\frac{\mathrm{d}P^{(1)}(k)}{\mathrm{d}k} + aP^{(1)}(k-1)$$

系数 $a = \begin{bmatrix} a, & b \end{bmatrix}^T$，可通过最小二乘法计算：

$$a = (B^T B)^{-1} B^T Y$$

数据矩阵 $B$ 和向量 $Y$ 如下：

$$B = \begin{pmatrix} -Q^{(1)}(2) & 1 \\ -Q^{(1)}(3) & 1 \\ \\ -Q^{(1)}(n) & 1 \end{pmatrix}, \quad Y = \begin{bmatrix} P^{(0)}(2) \\ P^{(0)}(3) \\ \\ P^{(0)}(n) \end{bmatrix}$$

通过求解微分方程，得到 $P^{(1)}(k)$：

$$P^{(1)}(k) = (P^{(0)}(1) - \frac{b}{a})\mathrm{e}^{-a(k-1)} + \frac{b}{a}$$

最后，通过累减生成计算预测值：

$$P^{(0)}(k) = P(k) - P(k-1)$$

## （二）扫描线点云空间灰色模型 SGM（1，1）

每条扫描线上的点通过其空间坐标信息（$x$，$y$，$z$）共同决定该扫描线的运动趋势。上述测量点序列 $P$ 可用下面的向量表示：

$$P = P(k) = \begin{pmatrix} x(1), & x(k), & x(n) \\ y(1), & y(k), & y(n) \\ z(1), & z(k), & z(n) \end{pmatrix} \quad k = 1, 2, \quad, n$$

由于扫描操作特征，同一条扫描线上的点具有相同的 $y$ 坐标，所以此处只关注不同点的 $x$ 和 $z$ 坐标值，建立扫描线点云空间灰色模型 SGM（1，1）。

（1）坐标转换：根据灰色系统理论，数据序列为时间序列，要求数据序列不能为负值。因此，当测量点坐标值为负时，必须对其进行坐标转换。为便于处理，当数据序列 $P(t_k)$ 出现负值时，采用下面方法对其进行坐标转换。

$$x_0 = \left| \min(x(1), \quad x(2), \quad , \quad x(n)) \right|$$
$$y_0 = \left| \min(y(1), \quad y(2), \quad , \quad y(n)) \right|$$
$$z_0 = \left| \min(z(1), \quad z(2), \quad , \quad z(n)) \right|$$

这样，测量点数据序列可表示为

$$P = P(k) = \begin{pmatrix} x(1)+x_0, & x(k)+x_0, & x(n)+x_0 \\ y(1)+y_0, & y(k)+y_0, & y(n)+y_0 \\ z(1)+z_0, & z(k)+z_0, & z(n)+z_0 \end{pmatrix}$$

（2）孔洞检测：在进行孔洞修补前，必须先确定该条扫描线是否存在孔洞。根据扫描线特征，采用临近两点间的弦长进行孔洞检测。每条扫描线上临近两点的弦长可构成下列数据序列：

$$\{d(1), \quad d(2), \quad , \quad d(k), \quad d(n)\}$$

其中，$d(k) = \sqrt{[x(k)-x(k-1)]^2 + [y(k)-y(k-1)]^2 + [z(k)-z(k-1)]^2}$

这里的 $d(1)$ 代表 $P(n)$ 和 $P(1)$ 间的弦长。通过分析整理弦长数据序列，去除异常数据，取其平均值 $\bar{d}$ 作为阈值来检测孔洞是否存在。若 $d(k) > \bar{d}$，则孔洞存在。

（3）建立空间灰色模型 SGM（1,1）：据上所述，通过孔洞检测，若存在孔洞，根据空间灰色模型基本原理，建立扫描线点云空间灰色模型：

$$\frac{dP^{(1)}}{dk} + aQ^{(1)} = b$$

在这里的试验中，每条扫描线上的点按顺时针读取。如果只有 1 个孔洞，则扫描线上所有点都用于建立模型；如果存在两个或两个以上的孔洞，则分段取点建立模型。每当一个新点生成时，都需按照孔洞检测方法重新检测孔洞是否存在，以决定是否需要生成新的点。当处理完所有扫描线时，就完成了对点云模型的孔洞修补，结果如图 6-9 所示。

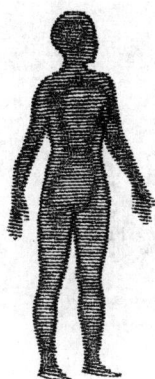

**图 6-9　孔洞修补后的人体点云模型**

# 第七章 基于数字化的三维人体建模技术

## 第一节 人体建模技术概述

在计算机图形学中，三维建模方法通常分为几何建模和物理建模两大类。几何建模常采用线框、曲面和实体等三维造型技术，通过描述物体的外部几何特征实现对静止物体的三维模型构建。物理建模是将物体的物理特征和行为特征融进几何模型中，既有表达物体所需要的几何信息，又有物体材料的物理性能参数。

### 一、人体几何建模技术

三维人体表面几何建模技术的重点是根据人体表面的离散点云构造光滑的人体曲面，使这些曲面通过或逼近人体表面的离散点。目前，人体几何建模技术主要采用基于特征的人体曲面建模和基于参数化的人体曲面建模。

#### （一）基于特征的人体曲面建模

人体根据整体结构可分为若干基本的特征结构，针对每个结构的特征定义相应的造型特征，并依据不同部位的几何特征选择最合适的曲面建模方法。

基于特征的人体曲面建模的关键在于构造人体特征曲线。人体特征曲线必须依据人体物理特性及生理特征，以插值或逼近的方式经过人体特征结构部位。特征曲线构造完成后，还需要构造人体几何造型曲线，与特征曲线共同构造出人体曲线网络。然后对曲线网格进行曲面生成，其中曲线构造常采用 3 次 $B$ 样条曲线，曲面构建则常采用 $B$ 样条曲面。其建模过程如图 7-1 所示。

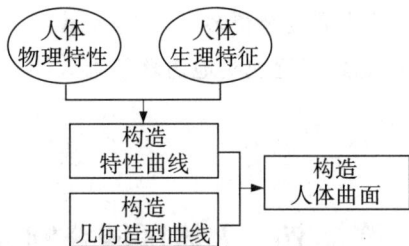

图 7-1　基于特征的曲面建模过程

## （二）基于参数化的人体曲面建模

参数化建模是一种抽象化的建模方法，以抽象的特征参数表达复杂人体的外部几何特征。建模过程结合人体工程学原理，利用人体各结构部位的比例关系，从人体各结构部位尺寸中提取关键尺寸作为参数，通过修改相应的尺寸参数，使其满足新的尺寸要求。同时，利用人体模型主、辅造型特征间的关联结构，修改相关的辅助造型特征，获得新的人体模型造型特征。最后在新的人体模型造型特征基础上形成曲面造型，得到所需的人体模型。基于参数化的人体曲面建模过程如图 7-2 所示。

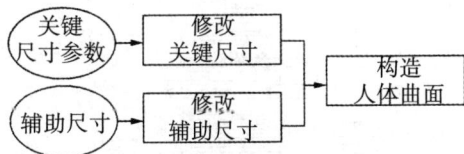

图 7-2　参数化曲面建模过程

几何建模速度较快，但由于不考虑人体解剖结构，较难取得非常逼真的模拟效果。目前，提高人体模型的真实感是该领域的研究热点之一。

## 二、人体物理建模技术

为了描述几何建模中人体的外部几何特征、物理特性、生理结构以及所处的外部环境，人体物理建模技术应运而生。

人体物理建模技术在人体建模过程中引入了人体自身的物理信息和人体所处的外部环境因素，通过引入时间变量并采用微分方程组的形式表达人体动态运动规律。人体物理建模技术能获得更加真实的人体建模效果，能对人体的动态过程进行有效的描述，但在计算上要复杂得多。

　　基于物理的建模方法能最接近现实地仿真三维人体，但其数据量大，对系统的要求很高。

# 第二节　人体区域分割

　　扫描完成并构建人体扫描线点云后，每一条人体扫描线上点的 $y$ 坐标值相等，具有相同 $y$ 坐标值的点可以表示人体不同部位的表面特征，如人体左右腿扫描线具有相同的 $y$ 坐标值。因此，有必要对人体进行区域分割，使各部分之间相互独立，每部分中具有相同 $y$ 坐标值的点只属于同一条扫描线。

　　根据人体的几何形状，这里将人体划分为六个部分（图7-3），分别为头肩部、左臂、右臂、躯干部、左腿和右腿。这六部分划分的关键是确定关键分割点。根据人体结构特征，分割点应位于腋下点和裆点这两个特征点附近。下面以人体躯干与手臂的分割点的确定为例阐述人体区域分割方法。

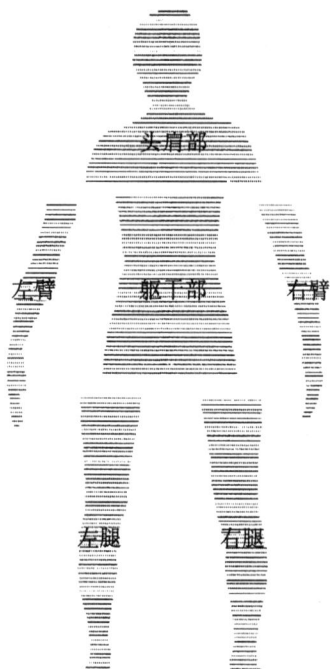

**图7-3　人体点云区域分割**

整个人体模型在 $y$-$z$ 平面投影的外轮廓是人体的正面轮廓图。由于扫描人体时，在人体表面关键位置设置了标记点，在人体扫描姿势、扫描方法及操作正确的情况下，人体正面轮廓图能够正确反映人体轮廓结构（图7-4）。自上而下水平扫描考察水平线与人体轮廓的交点个数，交点个数可能为2、3或4（左右腋下点正好在同一高度）、6。当存在3个或4个交点时，画线所在高度正好是腋下点所在高度。计算交点的 $z$ 坐标值，中间点即为分割点。

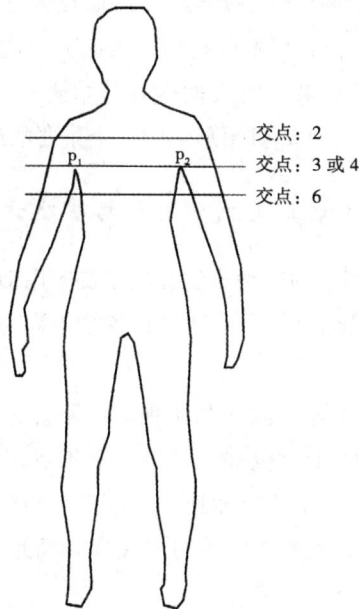

**图7-4 手臂与躯干划分示意图**

（1）若交点个数为3，中间点记为 $P_1$，继续向下扫描，第二次交点个数为3时，中间点记为 $P_2$。比较 $P_1$，$P_2$ 点的 $Z$ 坐标，若 $z_{p_1} < z_{p_2}$，则 $P_1$ 为左臂与躯干的分割点，$P_2$ 为右臂与躯干的分割点。

（2）若交点个数为4，中间2个点分别记为 $Q_1$、$Q_2$，比较 $Q_1$、$Q_2$ 点的 $z$ 坐标，若 $z_{q_1} < z_{q_2}$，则 $Q_1$ 为左臂与躯干的分割点，$Q_2$ 为右臂与躯干的分割点。

同理，可求出人体左、右两腿与躯干的分割点，并将人体左腿、右腿与躯干部位分割开：分割点以上的点云为人体躯干部分，分割点左、右两侧的点云分别为人体的左腿和右腿部分。

# 第三节　人体扫描点云的三角剖分

## 一、点云网格重建方法概述

Boissonnat 在 20 世纪 80 年代最早提出扫描点云三角网格重建问题并进行了开创性的研究。之后，Hoppe 利用点到物体表面的距离构造的零等值面进行点云网格重建。Hoppe 的研究结果促使大批学者开始研究散乱点云的网格重建问题，点云网格三维重建开始成为计算机图形学中一个重要的研究领域。

### （一）基于 Delaunay 三角剖分的网格重建方法

基于 Delaunay 三角剖分的网格重建方法主要应用 Delaunay 三角剖分对点云进行三角网格化，主要思想是对每个采样点在各个方向探索所有邻域，寻找可能的邻近点计算曲面。

1977 年，Lawson 采用逐点插入法实现对散乱点云的三角网格化。其基本原理为先建立一个大的三角形或多边形，把所有数据点包围起来，向其中插入一点，该点与包含它的三角形的三个顶点相连，形成三个新的三角形，然后逐个对它们进行空外接圆检测，通过交换对角线的方法保证所形成的三角网是 Delaunay 三角网。

同时，他在研究中发现，凡是符合最大内角最小化原则的三角剖分都是局部均匀的。Sibon 证明了基于 Delaunay 的三角剖分是唯一符合最大内角最小化原则的三角剖分。Green 和 Sibon 实现了二维空间的 Voronoi 图的计算及 Delaunay 三角化。

Delaunay 三角剖分的结果是一个三角形或四面体的凸包，与原物体表面相比有许多多余的三角形或四面体。Boissonnat 采用层层剥离的方法使物体表面的散乱数据点可视化。Edelsbrunner 则采用 $\alpha$–shape 方法，设置参数 $\alpha$，将包围球或外接圆半径大于 $\alpha$ 的四面体、三角形和边都删除。后来，Bajaj 基于 $\alpha$–shape 方法生成了 $C^1$ 连续的散乱数据点的插值曲面。

1998 年，Amenta 等提出 Crust 算法，之后又提出了改进的 Power Crust 算法，该算法能够不依赖采样点的浓度和分布输出网格曲面。Dey 等提出了 Power Crust 的扩展算法，使点位于大 Delaunay 球内部，点的 Delaunay 三角形被约束到大 Delaunay 球的边界。

采用基于 Delaunay 三角剖分方法构建的曲面网格拓扑正确，随着采样密度的增大，曲面网格最终收敛于真实的被测曲面，克服了人为划分散乱数据区域所带来的操作繁琐和低可靠性。但是，该方法计算量大、内存占用高，对大数据的点云以及存在噪声等特征数据的处理存在一定的局限性。

## （二）基于区域增长的方法

基于区域增长的方法的基本原理是从一个种子三角形开始，遵循一定区域增长规则，选择新点进入区域生成新的三角形并更新边界。遍历所有点，通过初始剖分优化获得被测物体表面的三角网格。其关键是选择新点约束规则的制定。

Boissonnat 以三角形张角最大作为区域增长规则，最先应用该方法完成了散乱点云的三角剖分。

Choi 基于以下假设设置区域增长规则：存在某个三维点 $C$，由该点可看到被测面上所有散乱点，并可定义以 $C$ 为锥顶的凸锥，使之包含所有散乱点。初始三角剖分后，以最大内角最小化和光顺原则优化网格。该算法可直接处理凸封闭曲面和开曲面，但受凸锥顶角的角度限制，所建曲面网格可能存在不稳定区域。

Mencl 引入图论思想，利用曲面描述图（SDG）定义曲面轮廓，并用三角形填充 SDG 获取网格。此法能根据点的密度变化进行自适应调整，可重建具有边界的曲面，对不连续曲面、采样密度变化剧烈等的重建可靠性较高。

基于区域增长的方法对大数据点云的处理有一定优势，但由于需人为预先对数据点云进行区域划分，降低了自动化程度，对噪声的处理能力也比较有限。

## （三）隐式曲面拟合法

隐式曲面拟合方法使用隐式函数曲面拟合点云数据，并在零等值面上提取三角形网格。隐式函数通常为径向基函数或多项式函数，而提取三角形网格的方法以 Marching Cube 和 Bloome 多边形化这两种方法为代表。

隐式曲面构造使用最多的是径向基函数 RBF，它是几何数据分析、模式识别、神经网络的标准工具。此外，二次多项式隐函数也有较多的应用。

Floatef 使用分层结构的紧支撑径向基函数，先用 Delaunay 三角剖分计算数据子集的嵌套序列，每层基函数的尺度由来自三角化信息的当前层的点云浓度决定。这个方法大大提高了传统径向基函数插值逼近散乱点的效率。

隐式曲面拟合法具有可自动融合成光滑曲面的重要特性，连续性和变形性好，适于描述具有光滑复杂外形的物体。虽然难以进行实时绘制，但是在降低噪声、过滤离群点、编辑曲面等方面具有较大的优越性。

## 二、人体扫描点云 Delaunay 三角剖分方法

### （一）Voronoi 图

Voronoi 图又叫泰森多边形或 Dirichlet 图，是一组由连接两邻点直线的垂直平分线组成的连续多边形。

#### 1. 定义

假设 $V = V_1$，$V_2$，$V_3$，，$V_n(n \geqslant 3)$ 是欧几里得平面上的一个点集，并且这些点不共线，四点不共圆。用 $d(V_i, V_j)$ 表示 $V_i$、$V_j$ 间的欧几里得距离。设 $X$ 为平面上的点，则区域 $V(i) = \left\{ x \in E^2, d(X, V_i) \leqslant d(X, V_j), j = 1, 2, 3, , n; j \neq i \right\}$ 称为 Voronoi 多边形。各点的 Voronoi 多边形构成 Voronoi 图。

#### 2. 特点

（1）Voronoi（$S$）把平面划分成 $n$ 个多边形域，每个多边形域 $V(P_i)$ 包含且只包含 $S$ 的一个点 $P_i$。

（2）Voronoi（$S$）的边是 $S$ 中某对点中垂线的一个线段或者射线。

（3）$V(P_i)$ 是无界的，当且仅当 $P_i$ 属于凸包外界的点集时。

（4）Voronoi 图至多有（$2n - 5$）个顶点和（$3n - 6$）条边。

（5）每个 Voronoi 点恰好是三条 Voronoi 边的交点。即 Voronoi 点就是形成三边的三点的外接圆圆心，并且这些外接圆各自内部皆不含任何 $S$ 点集的点。

### （二）Delaunay 三角剖分

Delaunay 三角剖分具有很好的理论基础和数学特性，一直占据网格剖分技术的主导地位。Delaunay 三角网格是 Voronoi 图的几何对偶图，对它的研究是从对 Voronoi 图的研究开始的。

#### 1. 定义

Delaunay 边：假设 $E$ 中的一条边 $e$（两个端点为 $A$、$B$），$e$ 若满足下列条件，存在一个圆经过 $A$、$B$ 两点，圆内不含点集 $V$ 中任何其他的点，则称为 Delaunay 边。

Delaunay 三角剖分：如果点集 $V$ 的一个三角剖分 $T$ 只包含 Delaunay 边，则该三角剖分称为 Delaunay 三角剖分。

## 2. Delaunay 三角剖分的准则

要满足 Delaunay 三角剖分的定义，必须符合两个重要的准则。

（1）空圆特性：Delaunay 三角网是唯一的（任意四点不能共圆），在 Delaunay 三角形网格中任一三角形的外接圆范围内都没有其他点存在（图 7-5 ①）。

（2）最小角最大化特性：在散点集可能形成的三角剖分中，Delaunay 三角剖分所形成的三角形的最小角最大。因此，Delaunay 三角网是"最接近于规则化的"三角网，即两个相邻的三角形构成凸四边形的对角线，在相互交换后，六个内角的最小角不再增大（图 7-5 ②）。

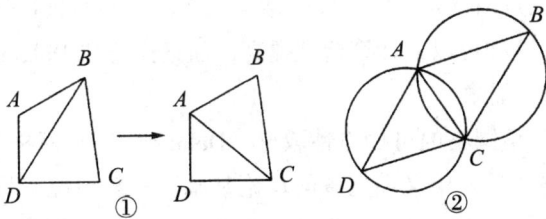

图 7-5　Delaunay 三角剖分的准则

（3）Delaunay 三角剖分的特性

①最接近：以最临近的三点形成三角形，且各线段皆不相交。

②唯一性：不论从区域何处开始构建，最终都将得到一致的结果。

③最优性：任意两个相邻三角形形成的凸四边形的对角线如果可以互换，那么两个三角形六个内角中最小角的角度不会变大。

④最规则：如果将三角网中每个三角形的最小角进行升序排列，则 Delaunay 三角网的排列得到的数值最大。

⑤区域性：新增、删除、移动某一个顶点只会影响临近的三角形。

⑥具有凸多边形的外壳：三角网最外层的边界形成一个凸多边形外壳。

（4）局部最优化处理：为了构造 Delaunay 三角网，Lawson 提出了局部优化过程 LOP。一般三角网经过 LOP 处理，即可确保成为 Delaunay 三角网，其基本做法如下。

①将两个具有共同边的三角形合成一个多边形。

②运用最大空圆准则进行检查，看其第四个顶点是否在三角形的外接圆内。

③如果第四个顶点在三角形的外接圆内，修正对角线，即将对角线对调，完成局部优化过程的处理（图 7-6）。

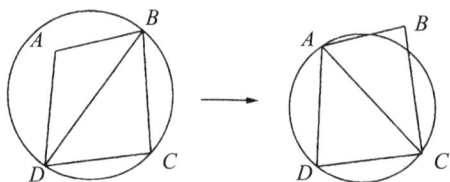

图7-6 LOP 处理过程

（5）Delaunay 三角网格的优势

① Delaunay 三角网格是一空间优化结构。在利用网格进行分析计算时，网格单元应尽量饱满，这样可以使计算精度提高，而把点连成 Delaunay 三角形或四面体时，最能满足这个需求。

② Delaunay 三角网格的可操作性较好。Delaunay 三角网格是 Voronoi 图的几何对偶图，有严格的教学定义和完备的理论基础，一般情况下具有唯一性。在对已经生成的网格进行加点、减点操作时，有可靠的依据和简单的方法，可以确保得到的新网格仍然是 Delaunay 三角网格（图7-7）。

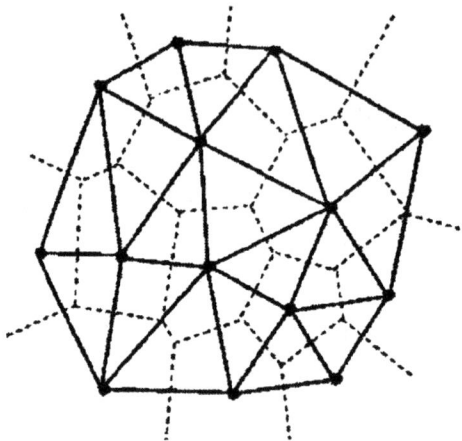

图7-7 Voronoi 图与 Delaunay 三角剖分

实线表示 Delaunay 三角剖分，虚线表示 Voronoi 图

## 三、简化的人体扫描点云三角剖分方法

人体扫描线点云的特征是从上至下人体点云由若干横向截面线组成，因此可以认为人体表面的顶点分布在按一定纵向宽度分成的 $N$ 条带状的区域内，依次对

每相邻两条截面线上的点进行三角剖分，即可完成对人体点云数据的三角剖分。具体操作流程如下。

（1）读取人体数据：读取人体扫描数据，经过点云数据处理，显示处理后的人体点云信息。

（2）相邻扫描线顶点映射：经过数据处理后的点云模型视为完整模型。该模型上每条扫描线上的点作为一个横截面线上的点，将每条截面线上的点映射到相邻的截面线上，设截面线 1 上有 $a$ 个顶点，截面线 2 上有 $b$ 个顶点，则映射后两相邻截面线上都为（$a+b$）个点（图 7-8）。

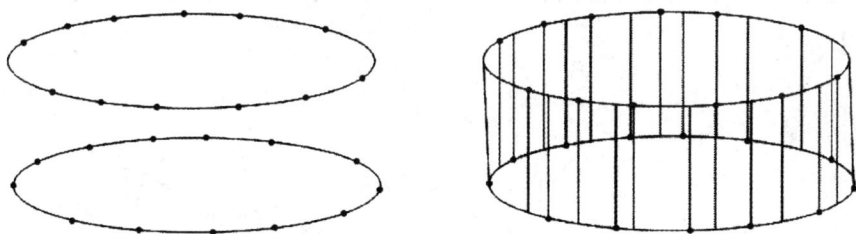

图 7-8　相邻扫描线顶点映射

（3）三角剖分：根据上面数据的预处理结果可以知道，对于两条相邻的扫描线，如果每一条扫描线上的点都按相同的方式排序，则上下两条扫描线上的相邻两点对应连接构成一个四边形，连接四边形的对角线即可实现对相邻扫描线区域的三角剖分（图 7-9）。

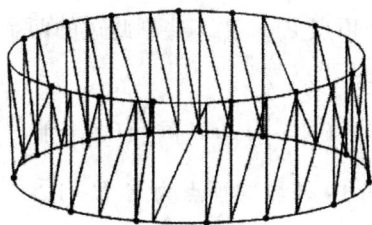

图 7-9　简化的三角剖分

（4）结束：从上至下遍历人体部位，连接相邻扫描线对应的三角剖分点构成四边形，连接四边形对角线完成对应扫描区域的三角剖分，存储并输出人体部位的剖分结果。

### 四、人体三角网格细分方法

为了构建具有真实感的高质量三维人体模型，需要对经过三角剖分的初始三角形网格进行细分。常用的三角形网格细分方法如下。

### （一）Loop 细分法

Loop 细分法是美国犹他大学的 Charles Loop 提出的一种逼近型三角形面分裂细分算法。该算法采用 1-4 三角形分裂，根据生成方式不同，新生成点分为 $E$- 顶点（由原三角形边生成的控制点）和 $V$- 顶点（由原三角形顶点生成的控制点）（图 7-10）。

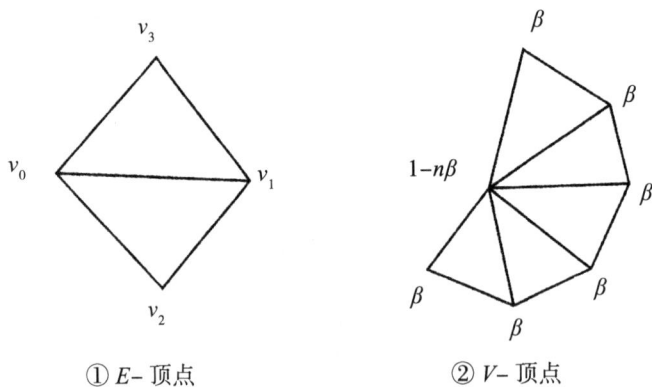

① $E$- 顶点      ② $V$- 顶点

图 7-10 Loop 细分模板（内部边 / 点）

（1）若内部边有两个顶点 $V_0$，$V_1$，共享此边的两个三角形为 $(V_0, V_1, V_2)$ 和 $(V_0, V_1, V_3)$，则生成的 $E$- 顶点为

$$V_E = \frac{3}{8}(V_0 + V_1) + \frac{1}{8}(V_2 + V_3)$$

（2）若内部顶点 $V$ 的 1- 邻域的顶点为 $V_i (i = 1, 2, \quad , n)$，则新生成的 $V$- 顶点是顶点 $V$ 与其所有相邻顶点的加权和：

$$V_V = (1 - n\beta)v + \beta \sum_{i=0}^{n-1} v_i$$

（3）若边界边的两个顶点为 $V_0$，$V_1$，则生成的 $E$- 顶点为（图 7-11 ①）

$$V_E = \frac{V_0 + V_1}{2}$$

（4）若边界顶点在边界上的两个相邻顶点为 $V_0$，$V_1$，则生成的 $V$-顶点为（图 7-11 ②）

$$V_v = \frac{V_0 + V_1}{8} + \frac{3}{4}V$$

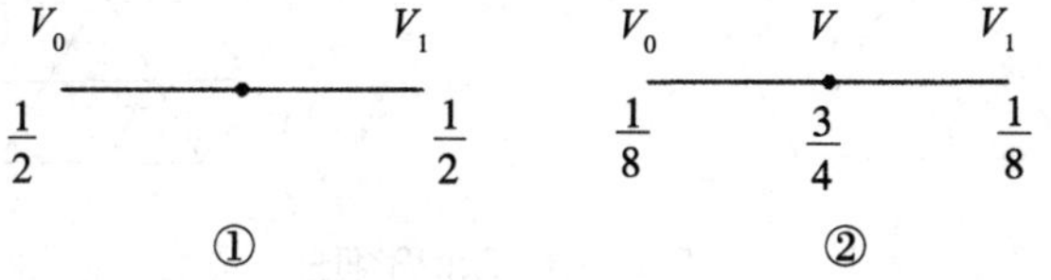

图 7-11　Loop 细分模板（边界边 / 点）

## （二）Butterfly 细分法

Butterfly 细分法通过对三角形网格进行插值实现网格细分，由于插值顶点的形状类似于蝴蝶，故称为蝶形细分。该方法在规则网格上生成的曲面是 $C^1$ 连续的，但在奇异顶点处只能达到 $C^0$ 连续（图 7-12）。

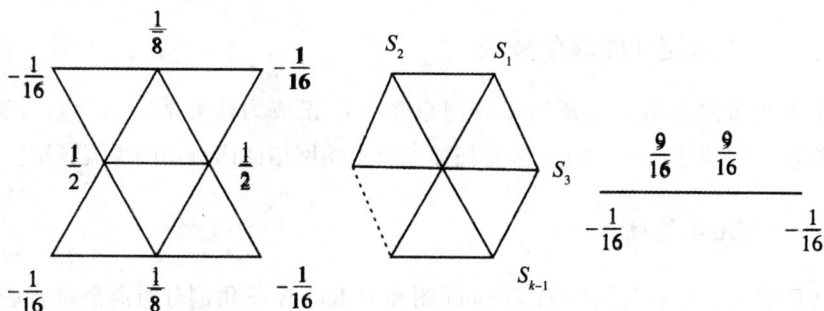

图 7-12　Butterfly 细分规则

## （三）Sqrt3 细分法

该方法是一种三角网格逼近的细分方法，应用该方法可以获得 $C^2$ 连续。应用流程如下：先在每个三角面片中插入面点；然后连接插入点与所在三角面片的顶点并执行边翻转操作。初始网格经过一次 $\sqrt{3}$ 细分后，生成新顶点度数为 6 而原顶点度数保持不变的半规则网格；两次细分后，每个初始三角面片都分裂成 9 个新的三角面片（图 7-13）。其计算规则如下。

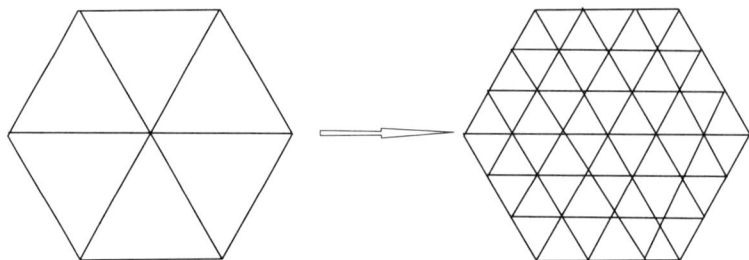

图 7-13　Sqrt3 细分

（1）设三角形的三个顶点为 $V_0$、$V_1$、$V_2$，则新插入的顶点为

$$V_F = \frac{V_0 + V_1 + V_2}{3}$$

（2）设顶点 $V$ 的相邻顶点为 $V_1$、$V_2$、$V_3 \cdots\cdots V_n$，则新插入的顶点为

$$V_V = \left(1 - a_n\right)V + \frac{a_n}{n}\sum_{i=1}^{n}V_i \quad , \quad \left( a_n = \frac{4 - 2\cos\dfrac{2\pi}{n}}{9} \right)$$

## 五、三角网格曲面建模算法

在曲面重建领域，三角网格曲面重建方法正成为研究的一大热点。其中，Crust 算法、零集法、α-shape 法是扫描点云三角网格曲面重建的主流算法。

### （一）Crust 算法

该算法基于计算几何中的 Voronoi 图和 Delaunay 三角剖分对离散点云进行曲面重建。其输出的离散曲面在细节区域具有密集点，而在无特征区域具有稀疏点。其定义如下：设 $S$ 是一个点集，$V$ 是 $S$ 的 Voronoi 顶点集，$S' = S \quad V$，若 $S'$ 的 Delaunay 三角剖分的一条边的两个顶点属于 $S$，则该边也属于 $S$。

### （二）零集法

Hoppe 等人通过定义每个取样点的近似切平面，把到点的最近切平面的有符号距离作为距离函数，对这个距离函数进行插值，再通过 Marching Cube 算法生成了多边形网格。

首先，取采样点区域内的 $k$ 个点，求近似切平面的中心。用这 $k$ 个点构造协方差矩阵，计算特征值，采用类似于深度优先搜索树的方法计算切平面的法向量。

其次，定义有符号的距离函数 $f(p) = \text{dist}_i(p) = (p - O_i)^* n_i$。

再次，进行边界追踪，从一个标量函数提取同种曲面。

最后，设定能量函数，除去不需要的点，或者增加点、移动点的位置，改变网格的连接关系，达到能量函数的最小值，最终生成简洁、精确的网格曲面。

### （三） $\alpha$-shape 法

$\alpha$-shape 法先对点集进行 Delaunay 三角划分，然后对所有边、三角形、四面体等单纯形进行检测。当单纯形的外接球内部不包含其他取样点，并且外接球的半径小于或等于 $\alpha$ 时，那么这个单纯形属于 $\alpha$-shape。在一个 $\alpha$-shape 中，细节的水平由参数 $\alpha$ 控制。

当取样点密度均匀时， $\alpha$ 值全局唯一；当取样点密度不均匀时， $\alpha$ 值无法保证唯一，必须对 $\alpha$-shape 规则进行改进。通过估算采样点的局部密度特性，计算点的局部法向量，构造度量张量使点之间的距离变大，删除那些连接高密度区域和低密度区域的三角形。

形成的 $\alpha$-shape 把空间分成了两部分，一是 $\alpha$-shape 中的三角形、四面体等所占的空间，二是除 $\alpha$-shape 之外的外集。外集和 $\alpha$-shape 的交集被称为 $\alpha$-shape 的外壳，在外壳上出现的三角形面被称为外部面，其余的面被称为内部面。依次检测面和边，确定外部面和内部面，保留外部面，删除内部面，直到所有的面都是外部面，即完成三角形网格曲面构造。

## 六、人体扫描线点云三角网格重建

人体表面是一个复杂的曲面，很难用一个统一的参数化表达式表示。人体各部位数据点采样的疏密程度也不同，如人的面部，由于曲面变化较大，采样点比较密集，而手臂和腿部，由于变化比较平缓，采样点就相对稀疏。为了更好地实现对人体扫描点云的三角剖分，根据人体的生理形态特征将人体进行区域分割，针对不同的部件采用不同的三角剖分方法。其中，人体左臂、右臂、左腿、右腿由于点云分布相对规则，采用简化的三角剖分方法，而对于人体的头肩部和躯干等部位，则采用 Delaunay 三角剖分法进行表面重建。为使人体模型更加符合人体表面特征，采用 Sqrt3 细分法对三角网格进行细分。具体算法如图 7-14 所示。

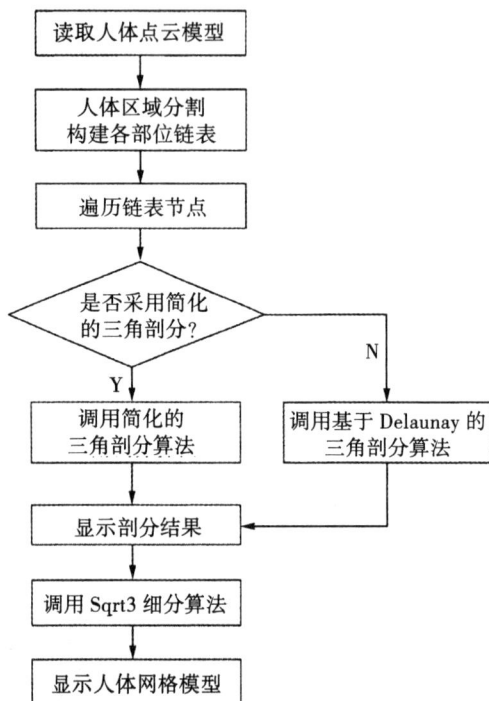

**图 7-14　人体点云网格模型算法**

根据人体区域分割方法，将人体划分为头肩部、躯干、左臂、右臂、左腿、右腿 6 个部位，系统为每个人体部位建立链表，存储该部位的点云数据。同时，根据人体各部位结构特征将人体左臂、右臂、左腿、右腿视为规则部位，人体头肩部和躯干部位以及手、脚视为不规则部位。针对不同的人体部位，分别采用不同的三角剖分方法。

## （一）人体规则部位的三角剖分

人体的左、右手臂和左、右腿等部位的结构简单，表面起伏较小，扫描线间曲率变化较小，适合采用简化的三角剖分方法进行三角剖分。

采用上述简化的人体扫描线点云三角剖分方法，对各结构部位的相邻扫描线进行顶点映射，上下两条扫描线上的相邻两个点对应连接构成一个四边形，连接四边形对角线即可实现对相邻扫描线区域的三角剖分。

## （二）其他部位的三角剖分

人体头肩部、躯干部位表面起伏较大，部位结构复杂，部分扫描线间曲率变化较大，扫面线稀疏，本文针对这些部位的结构特征，应用 Delaunay 三角剖分方法对其进行三角剖分。先应用距离采样法对人体头肩部、躯干、手、脚等部位的扫描线模型进行点云数据均匀处理，使扫描线上的点分布均匀，点与点之间的距离与扫描线间距适中，以避免狭长三角形的出现，然后应用 Delaunay 三角剖分方法对这些部位进行三角剖分。

## （三）部位连接处的三角剖分

人体各部位连接处的三角剖分是轮廓与轮廓连接部位的三角剖分，涉及单轮廓对多轮廓的三角化，包括人体头肩部与躯干、左臂、右臂之间部位的三角剖分，即腋下部位的三角剖分和人体躯干与左腿、右腿之间，即裆部的三角剖分。各轮廓间的位置相对固定，因而可以将单轮廓划分为多轮廓或者将多轮廓合并成一个单轮廓，最终将单轮廓对多轮廓的三角化问题转化为单轮廓对单轮廓的三角化问题（图 7–15）。

（a）腋下部位　　　　　　　　　　　（b）裆部

图 7-15　连接部位的三角剖分

## （四）人体三角网格细分

在完成对人体各部位的三角剖分后，发现人体的面部、手、脚等部位扫描线间距较大，剖分后的三角形较大且为狭长三角形，使重构的人体表面不够光滑，没有真实人体的圆润感。同时，人体躯干部位因在虚拟缝合与试衣过程中往往涉及与裁片的碰撞问题，其表面必须光滑，因此必须通过光滑处理使这些部位达到模型的精度要求。曲面细分通过给定的初始网格，运用定义的细分规则产生一个由更多的顶点、边、面组成的网格模型，重复运用细分规则，可使网格模型收敛于一个光滑曲面。该方法简单、稳定、效率高，适用于任意网格拓扑结构。

# 第四节 三维人体模型的显示与数据格式

为了全面、逼真地显示人体模型及试衣过程，需要选择一种有效的语言实现算法和显示结果。本书中，人体扫描点云数据处理和人体建模是在 Visual C++ 6.0 环境下，借助 OpenGL 函数库实现的。OpenGL 是 SGI 公司开发的一套高性能的 2D 和 3D 图形处理软件包，是图形硬件的软件接口，是一个具有平台无关性、开发性的图形工业标准，可用于仿真、CAD、科学应用可视化等真实感场景的制作。

## 一、三维人体模型的显示

OpenGL 是行业领域中使用最广泛的 2D/3D 图形 API。许多知名的优秀应用程序均以 OpenGL 为开发基础并与其有广泛的接口应用。OpenGL 独立于操作系统并与硬件无关，可以在不同的操作平台间移植。在很多技术领域，尤其在 3D 建模技术、虚拟现实技术、三维仿真技术等领域，OpenGL 在图形图像处理、三维显示等方面均表现出卓越的性能。

OpenGL 是与硬件无关的软件接口，可以在不同的平台，如 Windows、UNIX、Linux、Mac OS、OS/2 之间移植。因此，基于 OpenGL 开发的软件具有很好的移植性，可以获得非常广泛的应用。虽然 OpenGL 是图形的底层图形库，没有提供几何实体图元，不能直接用以描述场景，但是通过一些转换程序，可以很方便地将 AutoCAD、3DS、3ds Max 等 3D 图形设计软件制作的 DXF 和 3DS 模型文件转换成 OpenGL 的顶点数组。

OpenGL 可以与 Visual C++ 紧密接口，保证算法的正确性和可靠性，使用简便，效率高，具有以下七大功能。①建模：OpenGL 图形库提供了点、线、多边形、复杂的曲线与曲面、复杂的三维物体（球、锥、多面体等）的绘制函数，为用户进行三维建模提供了强大工具。②变换：OpenGL 提供了一系列的变换操作，包括平移、旋转、缩放、镜像四种基本变换和平行、透视两种投影变换。通过变换处理提高算法的运行效率，提高三维图形的显示速度。③颜色模式设置：OpenGL 提供了 RGBA 模式和颜色索引两种颜色模式。④光照和材质设置：OpenGL 提供多种光照设置，如自发光、环境光、漫反射光和高光等。材质主要通过光反射率设置。通过将光照的 RGB 分量与材质 RGB 分量的反射率相乘形成物体的颜色。⑤纹理映射：OpenGL 具有十分强大的纹理映射功能，通过纹理映射实现三维仿真物体的真实感显示。⑥三维显示和图像增强：OpenGL 函数库提供了基本的 Copy 和像素读写功能，还提供了如融合、抗锯齿等特殊图像效果处理，用于增强图形的显示效果，使三维仿真物体更加逼真。⑦双缓存动画：即前台缓存和后台缓存，后台缓存计算场景、生成画面，前台缓存显示后台缓存已生成的画面。

此外，利用 OpenGL 还能实现深度暗示、运动模糊等特殊效果，从而实现消隐算法。

## （一）OpenGL 建模

应用 OpenGL 绘制、显示三维人体 / 服装模型主要包括四个基本步骤（图 7-16）。

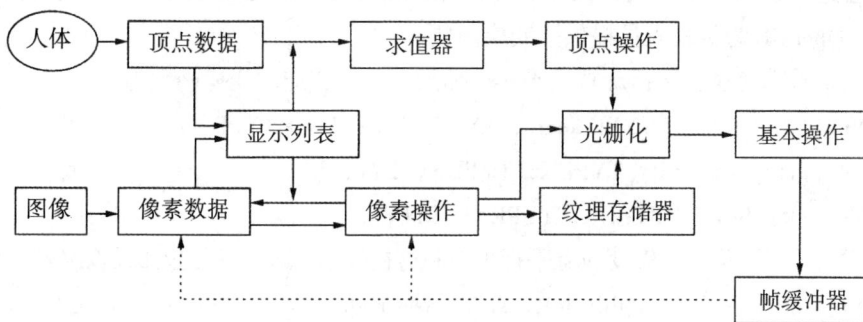

图 7-16  OpenGL 工作流程

（1）根据基本图形单元（点、线、多边形等）建立人体 / 服装模型，并对其进行数学描述。

（2）把模型放置于一定的三维空间中，设置观察点。

（3）计算人体 / 服装模型中所包含的颜色，根据具体应用确定光照条件、纹理映射方式等。

（4）把模型的数学描述及其颜色信息转换为像素并显示出来，即光栅化。

## （二）OpenGL 变换

在 OpenGL 中，三维物体所处的空间坐标系为世界坐标系，视点和物体的位置都是通过该坐标系进行描述的（图 7-17）。

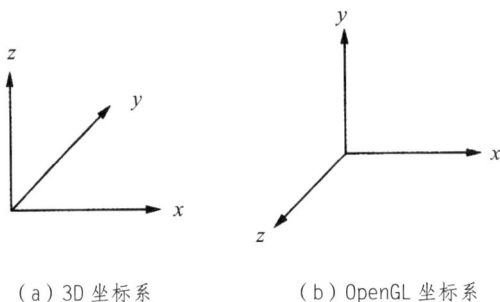

（a）3D 坐标系　　　　（b）OpenGL 坐标系

图 7-17　坐标系

通过一系列三维变换，人体/服装模型的三维坐标被转换到屏幕对应的像素位置。OpenGL 为编程人员提供了变换函数。

（1）基本变换：包括旋转、平移、缩放三种，相应的变换函数为

Void glRotate{fd}（TYPE angle，TYPE x，TYPE y，TYPE z）；

Void glTranslate{fd}（TYPE x，TYPE y，TYPE z）；

Void glScale{fd}（TYPE x，TYPE y，TYPE z）。

（2）投影变换：投影变换有平行投影和透视投影两种，平行投影的变换函数为

Void glOrtho（GLdouble left，GLdouble right，GLdouble bottom，GLdouble top，GLdouble near，GLdouble far）。

透视投影的变换函数有两种，分别为

Void glFrustum（GLdouble left，GLdouble right，GLdouble bottom，GLdouble top，GLdouble near，GLdouble far）；

Void glFrustum（GLdouble left，GLdouble right，GLdouble bottom，GLdouble far）。

（3）视口：经过基本变换和投影变换后的物体显示在屏幕指定的区域内，视口变换函数为 Void glViewPort（Glint x，Glint y，GLsizei w，GLsizei h）。

有关流程如图 7-18 所示。

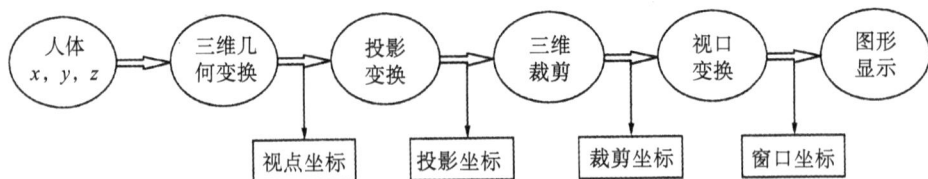

图 7-18　三维图形显示流程

## （三）OpenGL 消隐处理

为了实现三维人体 / 服装模型显示的真实感，需要在三维人体 / 服装模型显示时消去自身遮挡或相互遮挡而无法看见的线或面，即消隐。OpenGL 中的消隐操作主要有两类。

一类是场景中多边形后向面的处理，函数为

glEnable（GL_CULL_FACE）;

glCullFace（mode）;

……

glDisable（GL_CULL_FACE）。

另一类消隐操作通过深度缓冲方法（Z-buffer）实现，其函数为

Void glDepthFunc（GLenum func）。

## （四）OpenGL 光照设置

在 OpenGL 中，常用光照模型绘制可视面的亮度或颜色，通过散射光、镜面反射光、环境光、反射光四种光的组合模拟真实世界的光照。

在 OpenGL 中设置光照时先确定每个顶点的法向量，函数为

Void glNormal3f（GLfloat nx，GLfloat ny，GLfloat nz）。

然后创建光源模型，函数为

Void glLightfv（GLenum light，GLenum pname，TYPE* param）。

## （五）OpenGL 三维显示

经过三维建模、三维变换、消隐处理、光照设置后，就可以绘制人体 / 服装三角形曲面片模型了，相应的绘制语句如下：

glBegin（GL_TRIANGLES）;

glNormal3d（pn1.x，pn1.y，pn1.z）;

glVertex3d（p1.x，p1.y，p1.z）;

glNormal3d（pn2.x，pn2.y，pn2.z）;

glVertex3d（p2.x，p2.y，p2.z）;

glNormal3d（pn3.x，pn3.y，pn3.z）;

glVertex3d（p3.x，p3.y，p3.z）;

glEnd。

通过以上处理，就可以得到具有真实感的人体 / 服装模型。

## 二、三维人体模型的存储格式

在三维建模技术领域，有不同的文件存储格式，如逆向工程中大部分软件支持 STL 格式，激光扫描数据常用的数据格式是 ASC，三维建模领域的常用格式为 OBJ 等。

### （一）STL 文件格式

STL 文件格式被业界公认为 CAD 软件系统与快速成型加工系统之间进行数据交换的标准格式，在逆向工程、有限元分析、图形真实感等方面已得到广泛应用。国内外几乎所有的快速成型加工系统都以 STL 文件为其数据输入格式。

STL 文件利用三角网格表现三维模型表面的数据，只存储三角形面片的法线向量、顶点坐标这两类信息，不包含纹理坐标信息和材质信息，而且不以索引的形式存储三角形面片信息。每个三网格用 3 个顶点坐标（$x$，$y$，$z$）表示，顶点按右手法则进行排序，还定义了每个三角形面片的法矢量。STL 文件有二进制格式和 ASCII 码两种类型。二进制的 STL 文件用固定的字节数定义三角形面片的几何信息；ASCII 码格式的 STL 文件则逐行给出三角面片的几何信息，每行以 1 ~ 2 个关键字开头。STL 文件的 ASCII 码格式如下：

Solid filename stl

Facet normal ni nj nk

Outer loop

Vertex v1x v1y v1z

Vertex v2x v2y v2z

Vertex v3x v3y v3z

End loop

End facet

……

End solid filename stl

### （二）OBJ 文件格式

OBJ 文件格式是 Alias|Wavefront 公司为其 3D 建模和动画软件 Advanced Visualizer 开发的一种标准 3D 模型文件格式。其是一种通用的三维模型文件格式，结构简单，适合于 3D 软件模型之间的互导。目前，大部分 3D 软件和插件都支持

OBJ 文件的读写。OBJ 文件以纯文本的形式存储三维模型信息，可以用写字板打开，并进行查看、编辑与修改等。

OBJ 文件包含对直线、多边形、自由形态曲线和表面等形状的定义。其中，直线和多边形通过点的描述定义；曲线和表面则根据它们的控制点和所依附的曲线类型的信息定义，这些信息支持规则和不规则的曲线，如 Bézier 曲线、B-spline 曲线、基数以及泰勒方程曲线等。

OBJ 文件以纯文本的形式存储模型的顶点、法线和纹理坐标以及材质使用等信息，其每一行都有相似的格式。在 OBJ 文件中，每行的格式如下：

前缀  参数 1  参数 2  参数 3 ……

# 第五节　人体关键尺寸测量

为便于后期虚拟缝合与试衣时选择适合人体模型尺寸的服装，需提取人体关键部位尺寸。在本节中重点提取与服装号型相关的人体身高、胸围以及腰围尺寸，提取方法参照国家标准《GB/T 16160—2008 服装用人体测量的部位与方法》。

## 一、身高尺寸的测量

按照标准，测量身高时，应立姿赤足，用人体测高仪测量从头顶到地面的垂直距离。所以，身高可由两个特征点确定——人体头顶最高点和脚下最低点，在以三维坐标表示的人体中，身高为沿人体站立方向的坐标最高点和最低点之差（图 7-19（a））。

在本书中，人体沿 $y$ 轴方向站立，所以身高 $h$ 为

$$h = |y_{max} - y_{min}|$$

在人体测量时，站立姿势为双腿分开与肩同宽，身高可能因此降低，故可适当加 0.5 ~ 1 cm。

## 二、胸围、腰围尺寸的测量

胸围为经过胸点水平围量一周的尺寸。腰围为经过腰部最细位置水平围量一周的尺寸。所以，胸围和腰围尺寸测量的关键在于确定胸围线及腰围线位置（图 7-19（b））。

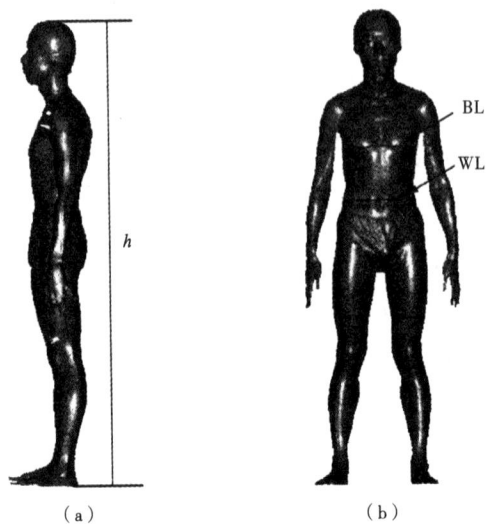

（a）　　　　　　　（b）

图 7-19　人体关键尺寸测量

（1）胸围。胸围的测量采用以下方法：将腋下点以下确定为搜索区域；在区域内迭代求取可能的路径点，计算每个可能的路径点组成的截面曲线长度，以最大围长为胸围。

（2）腰围。腰围的测量采用以下方法：将胸围截面以下确定为搜索区域；在区域内迭代求取可能的路径点，计算每个可能的路径点组成的截面曲线长度，以最小围长为腰围。

# 第八章 服装 2D 裁片虚拟模拟技术

## 第一节 虚拟服装造型方法

### 一、几何模型

虚拟服装造型方法是服装穿着效果仿真的基础，早期对服装造型模拟的研究主要是基于几何特性的建模方法。

1986 年，美国贝尔实验室的 Weil 采用余弦曲线及其几何变换模拟悬垂织物，开创了织物虚拟模拟的先河。之后，Hinds 等利用几何变换进行织物形态模拟，构造了基于等距面的交互服装设计系统；Ng 等采用几何变换模拟特殊情况织物的变形；Hadap 等采用几何与纹理相结合的方法模拟服装的褶皱。

这些基于几何的织物模型，由于不考虑织物内在的物理属性，所以计算量小、速度快，但模拟效果不够逼真。

### 二、物理模型

针对几何模型的缺陷，研究者提出了基于物理的服装（面料）建模方法。通过引入质量、力、能量等物理量，将织物各部分的运动看成各种力的作用下质点运动的结果。典型的物理模型有质点—弹簧模型、粒子模型和有限元模型。

#### （一）质点—弹簧模型

质点—弹簧模型是基于物理模型模拟织物应用最广泛的模拟方法之一。质点—弹簧模型将织物简化成由弹簧连接的线性弹性质点系统。在质点—弹簧模型中，质点的运动规律通过受力分析由牛顿第二定律确定。模型通过受力分析后化为微分方程组形式，采用数值解法求解微分方程得到系统质点的运动规律，进而实现对柔性织物的外观模拟。

### （二）粒子模型

将服装曲面离散化为一系列严守时刻的质点，质点与质点之间的作用力用微分方程表示；应用牛顿第二定律，采用数值解法更新各质点的位置和速度 $\left[x(t),\ x'(t)\right]$，从而获得系统的演变。

$$F_{r,\ t} = \frac{m\mathrm{d}^2 r}{\mathrm{d}t^2}$$

其中，$F$ 是点 $r$ 处的合力。

### （三）有限元模型

这种模型是利用有限元的方法模拟 2D 裁片"穿"在 3D 人体模型上的效果。将 2D 裁片的轮廓线以一定密度剖分成若干段，应用一定的规则画线将 2D 裁片一分为二，用递归算法将 2D 裁片分为若干个四边形单元，采用偏移法确保裁片轮廓线周围的形状规则。当 2D 裁片"穿"到 3D 人体模型上时，为防止 2D 裁片产生较大变形，需要利用裁片的弯曲变形重新形成四边形单元。通过比较人体模型中心轴和对应点的连线长度与包含该点的截面线半径来确定该点的位置，移动处于人体模型内部的点并通过变形调整得到 3D 服装造型。

三种物理模型的比较如表 8-1 所示。

表8-1　三种物理模型比较

| 模　型 | 技术理论 | 求解方法 | 运算速度 | 优　点 | 缺　点 | 适用范围 |
|---|---|---|---|---|---|---|
| 质点—弹簧模型 | 牛顿第二定律、胡克定律、数值积分 | 微分方程组 | 较快 | 模型易于构造，算法容易实现，计算效率较高，速度较快 | 对织物物理特性的表述比较简单 | 动、静态模拟 |
| 粒子模型 | 能量最小化、牛顿第二定律 | 微分方程组 | 慢 | 模拟比较逼真，算法简单 | 计算较复杂，效率低 | 动、静态模拟 |

| 模 型 | 技术理论 | 求解方法 | 运算速度 | 优 点 | 缺 点 | 适用范围 |
|---|---|---|---|---|---|---|
| 有限元模型 | 几何精确壳理论 | 有限元方程组 | 慢 | 体现织物的材料特点，模拟效果较逼真 | 计算复杂，效率低 | 动、静态模拟 |

比较以上几种服装建模方法，质点—弹簧模型简单，计算量较小，易于实现服装穿着的动、静态仿真。本章根据质点—弹簧系统原理对服装 2D 裁片进行虚拟模拟。

# 第二节　质点—弹簧模型

Xavier Provot 最早提出织物的质点—弹簧模型结构。与织物几何模型相比，质点—弹簧模型将织物受到的外力和内力都考虑进去，通过受力分析、数值求解表现出织物外观的变化，用一个质点表示织物外观经纬线的交点，从而将网络单元的质量浓缩到质点中，并且可以根据外力的不同做出相应的改变，为计算机模拟织物的动态变化提供了可能。

## 一、模型简介

质点—弹簧模型把一块织物看作一个 $m \times n$ 大小的网格结构（图 8-1）。质点的位置代表织物上某一点的空间位置。质点没有大小，但有一定的质量且被视为均匀分布。在该模型中，每根弹簧与两个质点相连，而每个质点可能与多根弹簧相连；弹簧被设计成符合胡克定律的理想状态。

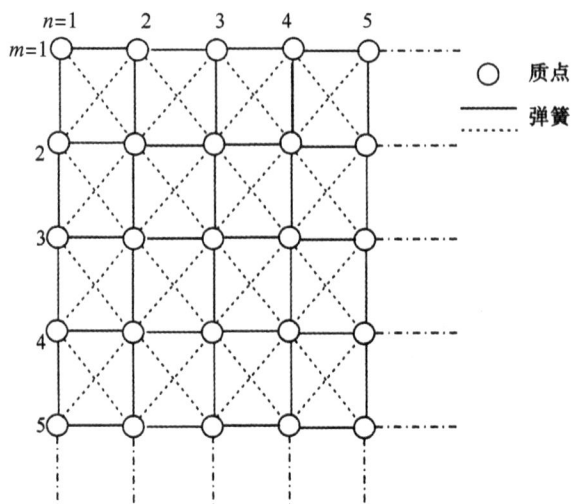

图 8-1　质点—弹簧模型

在质点—弹簧模型中，弹簧有三种类型（图 8-2）。

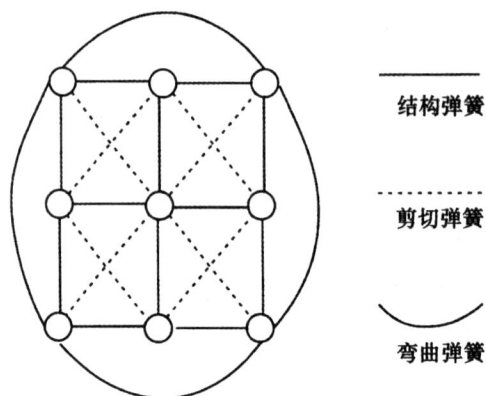

图 8-2　三种弹簧的结构

## （一）结构弹簧

连接横向和纵向相邻的两个质点，用于固定裁片结构。

## （二）剪切弹簧

连接对角线上的相邻质点，用于防止裁片弯曲变形。

## （三）弯曲弹簧

连接纵向和横向相隔一个质点的两个质点，使裁片在折叠时边缘圆滑。

## 二、模型受力分析

模型中质点的运动状态取决于作用在质点上的内力和外力的总和，其中内力主要体现为弹簧间的弹力（包括质点间的结构力、剪切力和弯曲力），外力主要包括重力、空气阻尼力、风力、惩罚力和用户自定义力等。质点在这些力的综合作用下表现出它所代表的网格单元的运动状态。综合所有质点的运动变化，便可以模拟出整块织物的外观变化。

应用牛顿第二定律可以确定质点的运动变化规律。在牛顿第二定律中，在某个时刻，当多个力同时作用于物体上时，每个力的向量之和就是总的作用力。在质点—弹簧模型中，将作用于质点上的所有内力 $\left[F_{\text{int}}\left(X,t\right)\right]$ 和外力 $\left[F_{\text{ext}}\left(X,t\right)\right]$ 相加决定其加速度，公式为

$$m\frac{\partial^2 X}{\partial t^2} = F_{\text{ext}}\left(X,\ t\right) + F_{\text{int}}\left(X,\ t\right)$$

式中，$X$ 为质点的位置矢量，$X \in R^3$ 是求解目标；$m$ 为质点的质量。

### （一）外力

为了模拟 2D 裁片质点的运动变化规律及与人体模型所发生的碰撞，往往要考虑重力、惩罚力、空气阻尼力、风力等自然世界里真实存在的外力，也需要考虑用户自定义的力（如缝合力）。

$$F_{\text{ext}}\left(X,\ t\right) = F_{\text{gravity}} + F_{\text{damping}} + F_{\text{penalty}} + F_{\text{stitching}}$$

（1）重力：假设 2D 裁片质量是均匀分布的，则每个质点所受重力为

$$F_{\text{gravity}} = \frac{M}{n}g$$

式中，$M$ 为裁片总质量，$n$ 为裁片所包含的质点数，$g$ 为重力加速度。

（2）空气阻尼力：阻尼力较大，质点运动较为缓慢，但是更容易达到平衡状态；阻尼力较小，质点运动较快，容易产生裁片变形以及裁片"穿越"障碍物的情况。

$$F_{\text{damping}} = c_d \frac{\partial X}{\partial t}$$

式中，$c_d$ 为阻尼系数。

质点间的摩擦力以及外界环境的黏滞力都可以用阻尼系数来模拟，往往需要根据实际模拟效果来合理选择阻尼系数。

（3）惩罚力：也称反碰撞力。2D 裁片与人体模型及其裁片自身的碰撞是碰撞检测的主要因素。如果不对质点的运动加以约束，就会发生裁片穿越人体模型的情况。模型采用惩罚力的方法处理它们：当检测到质点与人体模型发生碰撞时，加入一个碰撞惩罚力 $F_{\text{penalty}}$，将质点拉回到碰撞体另一侧。

对质点 $P$ 和碰撞发生点 $P_0$，

$$F_{\text{penalty}} = \begin{cases} C_p \cdot \exp\left(\left\|\overline{PP_0}\right\|^{-1}\right) \cdot N_{p_0}, & \text{发生碰撞} \\ 0, & \text{未发生碰撞} \end{cases}$$

式中，$C_p$ 为反碰撞系数，系数越大，反碰撞力越大；$N_{p_0}$ 为 $P_0$ 点处单位法向量；$\left\|\overline{PP_0}\right\|$ 为质点 $P$ 与碰撞发生点 $P_0$ 沿 $N_{p_0}$ 方向的距离分量。

（4）缝合力：在裁片的缝合边上施加作用力使裁片相互靠拢并缝合。在本书中，缝合力被定义为对应缝合点之间距离的线性函数。

$$F_{\text{stitching}} = -k\overline{l}$$

式中，$k$ 为缝合力系数，与织物的缝合性能有关，通常较难变形的织物采用较大的缝合力系数；$\overline{l}$ 为对应缝合点的距离矢量。

### （二）内力

模型中的质点通过结构弹簧、剪切弹簧、弯曲弹簧和其相邻或相隔的质点相连，因此每个质点所受内力可以表述为

$$F_{\text{int}}(X, t) = F_{\text{structure}} + F_{\text{shearing}} + F_{\text{benging}} = F_{\text{elsat}}$$

在质点—弹簧模型中，被考虑的内力是弹簧的弹性变形力，可以利用胡克定律来计算。

假设质点 $U_0$，其相邻质点的集合为 $R$，则 $U_0$ 所受的弹性变形力为

$$F_{\text{elsat}} = \sum_{i=R} c_e \left( \left.\left|\overline{U_0 U_i}\right|\right|_t - \left.\left|\overline{U_0 U_i}\right|\right|_0 \right) N_{\overline{U_0 U_i}}$$

式中，$c_e$ 为弹簧的弹性变形系数；$\left.\left|\overline{U_0 U_i}\right|\right|_t$ 为质点 $U_0$ 与 $U_i$ 之间 $t$ 时刻的距离；$\left.\left|\overline{U_0 U_i}\right|\right|_0$ 为质点 $U_0$ 与 $U_i$ 之间的初始距离；$N_{\overline{U_0 U_i}}$ 为质点 $U_0$ 指向 $U_i$ 的单位向量。

### 三、模型数值求解

在对 2D 裁片中的各质点进行了受力分析后，还需要对模型进行运动求解。根据牛顿第二定律 $a = F / m$，计算出质点 $U_i$ 的加速度 $a_i$，然后列出偏微分方程，利用各种数值方法求得质点在各时刻的位置与速度。

对质点经过受力分析后，方程可展开为

$$m \frac{\partial^2 X}{\partial t^2} + c_d \frac{\partial X}{\partial t} = F_{\text{elast}} + F_{\text{gravity}} + F_{\text{damping}} + F_{\text{penalty}} + F_{\text{stitching}}$$

整个模型系统形式化为一个线性微分方程，方程右边除了重力与质点位置 $X$ 无关，其他都是 $X$ 的函数，因此必须使用数值方法来进行求解。

适用于织物模拟的数值解法主要有两大类：显式积分法和隐式积分法。

显式数值积分法（Explicit Numerical Integration）强调模拟的真实感，系统时间步长较小，每步的求解量较小，但迭代次数较多。

隐式数值积分法（Implicit Numerical Integration）可以使用较大的时间步长以减少迭代次数，但适用的范围有限。

#### （一）显式欧拉算法

显式欧拉算法是显式数值解法中最基本、最简单的算法，但是它的求解精度比较低。它是用向前差商来近似代替导数，所以也称为向前欧拉算法。

对于常微分方程：

$$y'(t) = f(x, \; y(t)), \; t \in [a, \; b]$$
$$y(a) = y_0$$

可将区间 $[a, \; b]$ 分成 $n$ 段，每段的时间片分为 $h = (b - a) / n$，方程在第 $t$ 点有 $y'(t) = f(t, \; y(t))$，向前差商近似代替导数：$\dfrac{y(t+h) - y(t)}{h} \approx y'(t) = f(t, \; y(t))$，则 $y(t)$ 的近似值 $Y(t)$ 为

$$Y(t) \approx y(t_n) = y(t_0 + nh)$$

将上式用泰勒级数展开：

$$y(t+h) = y(t) + hy'(t) + \frac{h^2 y''(t)}{2} + O(h^3)$$

在质点—弹簧模型中，应用显式欧拉法有以下公式：

$$a(t + \Delta t) = F(t) / \mu$$
$$v(t + \Delta t) = v(t) + \Delta(t) \cdot a(t + \Delta t)$$
$$p(t + \Delta t) = p(t) + \Delta(t) \cdot v(t + \Delta t)$$

其中，$a$ 是质点加速度，$\mu$ 是质点质量，$F$ 是质点所受合力，$v$ 是质点速度，$p$ 是质点位置。

欧拉积分算法实际上是取自泰勒级数的前两项，因此，除非从二阶导数开始以后各项均为 0，否则欧拉积分方法总会带来舍入误差。我们可以将误差记为 $O(h^3)$，只要 $h$ 取得适当小，就能将误差控制在期望的范围内。

### （二）龙格—库塔法

龙格—库塔（Runge-Kutta）法是一种在工程中应用广泛的高精度显式单步算法。此算法精度高，误差小，但是理论原理也较复杂。4 阶 Runge-Kutta 计算公式如下：

$$X_{i+1} = X_i + \frac{1}{6}K_1 + \frac{1}{3}K_2 + \frac{1}{3}K_3 + \frac{1}{6}K_4$$

其中，

$$K_1 = hf(X_i,\ t_i),\quad K_2 = hf\left(X_i + \frac{K_1}{2},\ t_i + \frac{h}{2}\right)$$

$$K_3 = hf\left(X_i + \frac{K_2}{2},\ t_i + \frac{h}{2}\right),\quad K_4 = hf\left(X_i + \frac{K_3}{2},\ t_i + \frac{h}{2}\right)$$

龙格—库塔法是一个精确度和计算量妥协后的最佳选择。4 阶 Runge-Kutta 需要经过 4 次函数计算，但可以得到较高的精确度。

### （三）Verlet 积分法

法国物理学家 Loup Verlet 在 1967 年提出 Verlet 积分方法，该方法广泛应用于分子动力学仿真领域。它比欧拉积分法具有更好的稳定性，而且更简单。

Verlet 积分算法是通过质点当前位置和上一时刻位置来计算下一时刻的质点位置，而不用速度，减少了误差，速度项是隐式地给出，因此该方法相对比较稳定。计算公式如下：

$$x(t_0 + \Delta t) = 2x(t_0) - x(t_0 - \Delta t) + a\Delta t^2$$

速度由下面隐式得到：

$$v(t_0) = \frac{x(t_0 + \Delta t) - x(t_0 - \Delta t)}{2\Delta t}$$

表 8-2 所示为几种数值积分方法的比较。

表8-2　几种数值积分方法比较

| 积分方法 | 优　势 | 不　足 |
|---|---|---|
| 显式欧拉法 | 数值求解简单，运算速度较快 | 收敛阶数低，精度不够 |
| 龙格—库塔法 | 精度高，误差小 | 计算量大，实时性不理想 |
| Verlet 积分法 | 不用速度求解，更稳定 | 计算量大，实时性不佳 |

　　在织物虚拟模拟中，一般都选择显式积分的方法，因为显式的方法是标准的、精确的积分方法。显式方法的每一步都比隐式方法快，并且显式方法易于和空间限制相结合。这些空间限制是指在织物造型系统中那些穿透的质点和被拉长的边。

　　本节也采用显式欧拉积分法对 2D 裁片质点—弹簧系统进行数值求解。

## 四、质点修正算法

### （一）超弹现象

　　采用理想弹簧模拟 2D 裁片的受力变形时，弹簧的伸长量与弹簧受力成正比关系。根据线性微分方程理论，对于显式积分方法，迭代步长应足够小，以保证数值计算的稳定，否则质点的位置会发生剧烈改变。Bathe 论证了迭代步长 $A$ 和系统稳定性的关系，如果 $A$ 大于系统的临界迭代步长 $T_0$，线性微分方程将是病态的。

$$T_0 \approx \pi \sqrt{\frac{m}{K_c}}$$

式中，$K_c$ 为弹簧的弹性系数。

　　根据上式，如果使用大的迭代步长 $h$，必须减小模型的弹性系数。但若减少模型的弹性系数，织物将产生高弹性变形率，这个现象称为"超弹现象"或者"过度拉伸"。为了防止"超弹现象"发生，需要在每一步迭代时计算所有弹簧的变形率，若有弹簧的变形率大于临界值，就必须对该弹簧的两个质点进行修正。

### （二）质点修正算法

　　质点修正算法包括质点位置修正算法（Position Modification）和质点速度修正算法（Velocity Modification）。提出这两种修正算法是为了抑制大时间步长时织物的过度拉伸。

　　（1）质点位置修正算法。Xavier Proven 最早提出质点位置修正算法，该算法通过设置弹簧最大拉伸长度 $L_M$ 来检测每个时间段质点是否出现过度拉伸。根据服装所用材料的自身弹性确定 $L_M$ 的大小，$L_M$ 一般设置为织物弹簧松弛长度的 1.01 ～ 1.05 倍。质点位置修正算法的描述如图 8-3 所示。

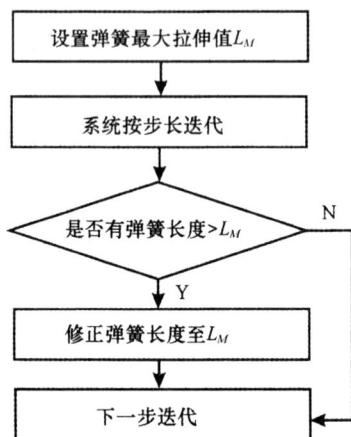

图 8-3　质点位置修正算法

（2）质点速度修正算法。在质点位置修正算法的基础上，研究者又提出了质点速度修正算法。通过将弹簧拉伸长度大于 $L_M$ 的质点与弹簧向量平行的速度分量清零来防止该弹簧在下一个迭代周期中因惯性继续伸长。

## 五、改进的质点位置修正算法

图 8-3 所示的质点位置修正算法并非一个严格收敛的算法。对于质点 $m$，在某个迭代周期，可能存在 2 个或 2 个以上与之相连的弹簧发生过度拉伸。若要消除这些弹簧的过度拉伸，按照质点位置修正算法，质点 $m$ 需要同时向多个方向修正。当其中两个方向相反或夹角大于 90° 时，则这两个方向的修正值将会有部分抵消，从而减弱了质点位置修正的效果。

图 8-4 中的圆点表示构成裁片的质点，黑线表示连接质点的弹簧。相对较粗的黑线表示弹簧伸长量超过了最大拉伸长度 $L_M$，应用质点位置修正算法，修正图中左上和右下的两根弹簧。但若先修正左上方弹簧的长度，将导致中间的质点向左上方移动，当再修正右下方弹簧时，又将使中间的质点向右下方移动，致使中间质点的两个移动部分抵消，减弱了质点位置修正的效果。

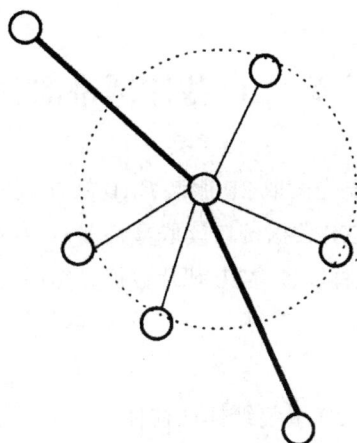

图 8-4　超弹现象

　　对于某个质点 $m$，若在每个迭代周期中都修正拉伸最长的弹簧至 $L_M$，将可以解决上述质点位置修正算法中出现的问题。由于裁片在某个局部的整体受力方向基本一致，因此修正最长拉伸的弹簧可以保证裁片在每个迭代周期都整体收缩。该算法的具体描述如图 8-5 所示。

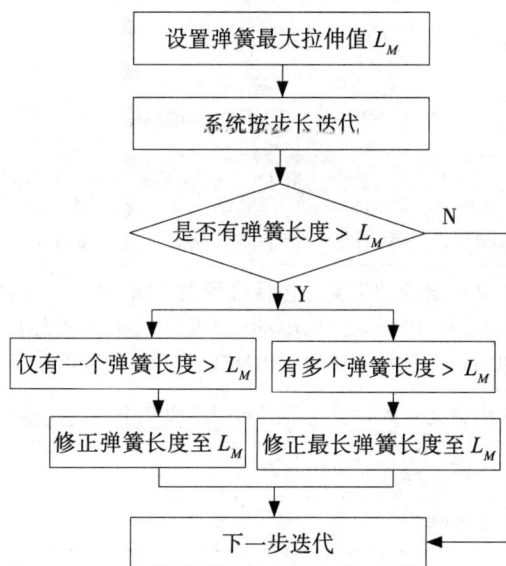

图 8-5　改进的质点位置修正算法

# 第三节　2D 裁片网格剖分

2D 裁片的虚拟模拟需要先读取 2D 服装 CAD 纸样数据，然后将 2D 裁片离散成三角形网格。本节应用 DXF 数据接口读取富怡 V9.0 专业版服装 CAD 软件绘制并存储成 DXF 格式的服装纸样，读取 2D 裁片数据，然后对 2D 裁片进行网格剖分。

## 一、2D 裁片读取

在目前的服装行业中，2D 服装纸样往往使用专业的服装 CAD 软件通过 PDS（Pattern Design System）模块绘制完成。不同服装 CAD 软件对文件的存储格式不同，采用 CAD 图形标准数据交换格式——DXF 格式可以保存 2D 裁片图形的精确数据，再通过 DXF 文件接口提取这些图形数据，可实现对 2D 裁片的再加工。

### （一）DXF 文件结构

一个完整的 DXF 文件是由 4 个区段和 1 个文件结尾组成的。它们分别是标题段（Header）、表段（Tables）、块段（Blocks）、实体段（Entities）以及文件结束标识。具体内容如表 8-3 所示。

表8-3　DXF文件结构

| 结　构 | 内　容 |
| --- | --- |
| 标题段 | 记录图形的一般信息，每个参数具有一个变量名和一个参数值 |
| 表段 | 包含对指定项的定义。包括线形表（LTYPE）、层表（LYER）、字体表（STYLE）、视图表（VIEWR）、用户坐标系统表（UCS）、视窗配置表（VPORT）、标注字体表（DIMSTYLE）、申请符号表（APPID） |
| 块段 | 含有块定义实体，描述了图形中组成每个块的实体 |
| 实体段 | 含有实体，包含任何块的调用 |
| 文件结束标识 | 标识文件结束 |

## （二）读取 DXF 实体数据

点是所有图形元素的基础。在 Visual C++ 中，一个点在默认情况下是二维的，数据为正整形，而三维空间中裁片的顶点应是三维 Float 型，所以需要对点的结构体重新定义：

Typedefstruct3Dpoint

{

Float x ;

Float y ;

Float z ;

}

（1）读取 DXF 格式的 2D 裁片文件，找出直线图元与曲线图元所在部分的组码。

（2）对这部分组码进行分类读取，保存直线及曲线的关键信息。

## 二、2D 裁片网格剖分方法

在工程力学的计算中，为了得到研究对象的数值解，往往需要对模型进行离散化处理。其中，对操作对象进行网格剖分是模型离散过程中的重要步骤之一。

对网格剖分的研究始于 20 世纪 50 年代的有限元分析，其主要研究将空间数据场离散为简单的几何单纯形问题。网格剖分最初主要依靠人工完成，随着需要分析的对象越来越复杂，研究者开始研究各种自动网格剖分算法，但由于研究对象的不同，每种方法总有自己的适应条件和一定的局限性。在此主要探讨在 2D 裁片和服装模拟中常用的网格剖分方法。

### （一）四边形网格剖分法

织物模拟过程中，通常以矩形或简单的几何形状的织物作为研究对象。对这种形状简单、边界规则的区域进行网格剖分时，常选用四边形网格剖分方法，其中具有代表性的是正则栅格法（Regular Grid Method）。其基本思想有以下几点：

首先，将一个完全包含目标区域的正则栅格放置在目标区域上面，除去落在目标区域之外的栅格单元。其次，对与物体边界相交的栅格单元进行剪裁调整。最后，通过光滑技术处理得到最后的栅格。

应用正则栅格法剖分裁片时，理论上讲栅格越密，网格质量越好，但过大的剖分密度会增加计算的复杂性，因此选择合适的剖分密度是应用正则栅格法进行剖分的关键。同时，为满足后期裁片缝合需要，裁片边界线（尤其是缝合边）上的网格剖分往往需要进行二次调整。

### （二）三角形网格剖分法

与四边形网格相比，三角形网格对表现复杂的和不规则的区域更具优势。三角形的每个顶点与其他顶点都有直接的边的关系，能形象地表达相邻质点间的内在关系。典型的三角形网格剖分方法是 Delaunay 三角化方法。

Delaunay 三角化的最大优势是自动避免了生成小内角的长薄单元。当每两个相邻三角形形成一个凸四边形时，这两个三角形中的最小内角一定大于交换凸四边形对角线后所形成的两个三角形中的最小内角。

马良等在服装模拟系统中使用了基于三角形的网格剖分算法。该算法中裁片的三角形网格剖分包括三个步骤（图 8-6）：①裁片外轮廓线的生成；②裁片内部网格点的生成；③网格点三角域剖分。

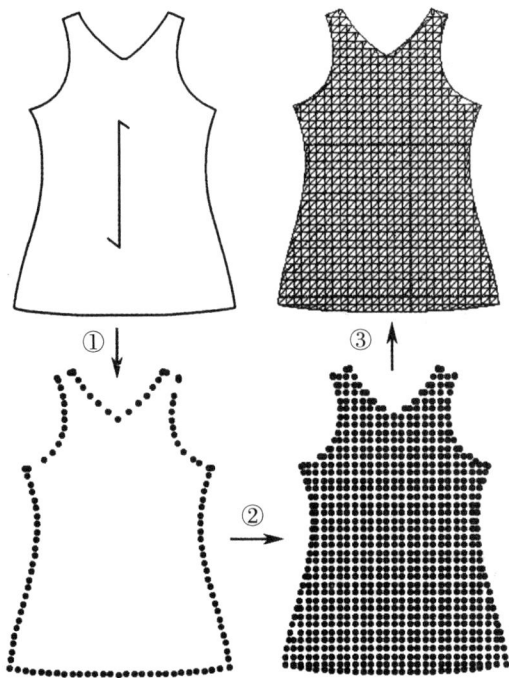

图 8-6　裁片三角形网格剖分

### 三、正则栅格法网格剖分

本节根据构建 2D 裁片质点—弹簧模型和裁片虚拟缝合的需要，采用四边形剖分和三角形剖分相结合的方法：先采用正则栅格法对裁片进行四边形剖分，使裁片内部剖分整齐划一、边界依缝合需求特殊处理；然后，连接四边形对角线，实现对 2D 裁片的三角形剖分。

#### （一）2D 裁片正则栅格化

首先，将一个完全包含 2D 裁片区域的正则栅格放置在裁片上，除去落在裁片区域之外的栅格单元。其次，对与 2D 裁片边界相交的栅格单元进行调整或剪裁。最后，裁片边界网格二次调整。

先采用横向扫描裁片区域求交点、定边界，再沿横向扫描线方向应用依序取栅格点方法实现针对不规则多边形的网格剖分，最后依据边界条件，调整边界网格单元，确保缝合边上缝合点的对位关系。

#### （二）具体剖分步骤

设 2D 裁片的边界有 $n$ 个顶点，分别为 $P_i(i=1,2, ,n)$，$r$ 为裁片剖分精度。裁片正则栅格部分步骤如下：

（1）从水平和垂直两个方向扫描裁片，获取包含整个裁片区域的正则栅格。

①按从小到大的顺序对顶点 $P_i$ 的 $x$ 坐标进行排序，取垂直扫描线。

②按从小到大的顺序对顶点 $P_i$ 的 $y$ 坐标进行排序，取水平扫描线。

③若 $V_{i+1}-V_i>r$，则细分区间 $[V_{i+1}, V_i]$ 至相邻扫描线间隔小于 $r$，并令 $i=i+1$；若 $V_{i+1}-V_i \leqslant r$，则 $i=i+1$，重复执行。

④若 $H_{i+1}-H_i>r$，则细分区间 $[H_{i+1}, H_i]$ 至相邻扫描线间隔小于 $r$，并令 $i=i+1$；若 $H_{i+1}-H_i \leqslant r$，则 $i=i+1$，重复执行。

⑤扫描整个裁片区域，确定垂直扫描线 $V_i(i=1,2, ,l)$ 和水平扫描线 $H_i(i=1,2, ,m)$。

（2）水平扫描裁片区域求交点、定边界，裁去落在裁片之外的栅格单元；再沿水平扫描线方向依序取栅格点，构造四边域，完成裁片的四边形剖分。

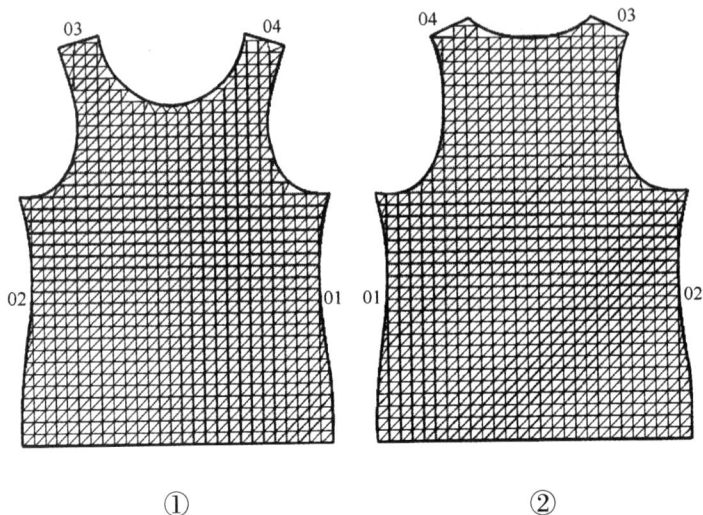

① ②

图 8-7 背心裁片三角网格化

（3）2D 裁片三角网格化（图 8-7）：①连接裁片四边形对角线，实现裁片区域三角网格化。②根据缝合边的对位信息，调整裁片边界单元三角域，使其满足缝合边缝合要求。

采用基于正则栅格法的剖分算法离散 2D 裁片能充分满足内部网格整齐划一、边界网格特殊处理的要求，且剖分密度自行控制，剖分过程可实现全自动，剖分速度快、效率高。

# 第四节　2D 裁片虚拟模拟流程

## 一、建立服装纸样库

同一服装款式，根据消费者体型不同往往生产多个规格。本节对男背心、女连衣裙、女低腰分割裙（图 8-8 所示）每款按 5.4 系列设置 4 个号型，号型设置方法参照号型标准 GB/T 1335—2008。各款号型设置如表 8-4 所示。

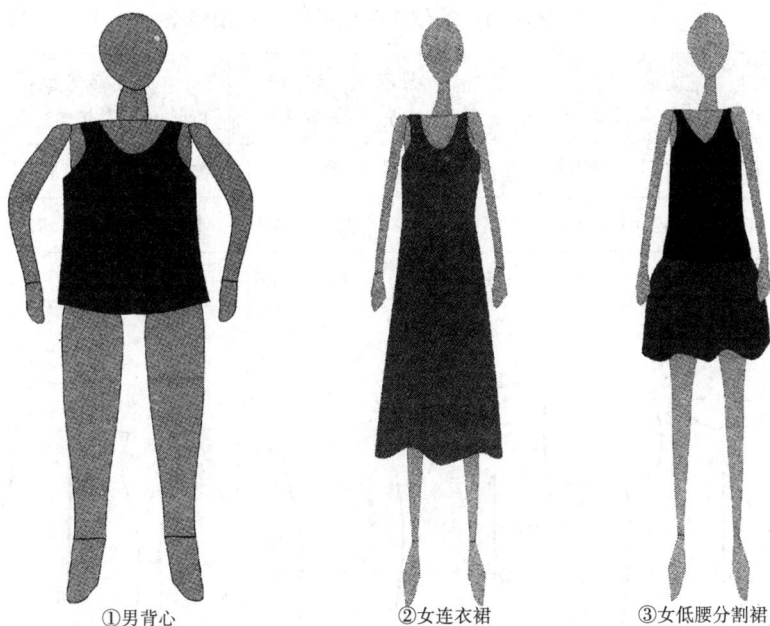

①男背心 ②女连衣裙 ③女低腰分割裙

图 8-8 几种服装款式

表8-4 号型设置

| 款　式 | 号型设置（5.4 系列） |
|---|---|
| 男背心（vest） | 165/84A、170/88A、175/92A、180/96A |
| 女连衣裙（dress） | 155/80A、160/84A、165/88A、170/92A |
| 女低腰分割裙（yuke dress） | 155/80A、160/84A、165/88A、170/92A |

　　应用富怡 V9.0 服装 CAD 企业版进行纸样绘制，存储为 DXF 格式文件。纸样库中，文件按"性别＿款式＿号型"命名。例如，男士背心 170/88A 纸样，其文件名为 M_vest_170/88A，女士连衣裙 160/84A 纸样，其文件名为 W_dress_160/84A。各款式主要部位尺寸和档差（5.4 系列）如表 8-5 所示，其纸样如图 8-9 所示。

表8-5　各款式主要部位尺寸和档差　　　　　　　单位：cm

| 款　式 | 背心<br>（M_vest_170/88A） | | | 连衣裙<br>（W_dress_160/84A） | | | | 低腰分割裙<br>（W_yuke dress_160/84A） | | | |
|---|---|---|---|---|---|---|---|---|---|---|---|
| 部位 | 衣长 | 胸围 | 腰围 | 衣长 | 胸围 | 腰围 | 臀围 | 衣长 | 胸围 | 腰围 | 臀围 |
| 尺寸 | 65 | 92 | 88 | 115 | 88 | 72 | 98 | 80 | 88 | 72 | 94 |
| 档差 | 1.5 | 4 | 4 | 3.5 | 4 | 4 | 3.6 | 2 | 4 | 4 | 3.6 |

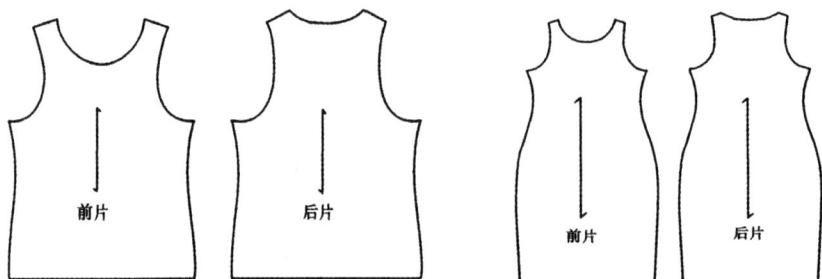

① M_vest_170/88A 纸样　　② W_dress_160/84A 纸样

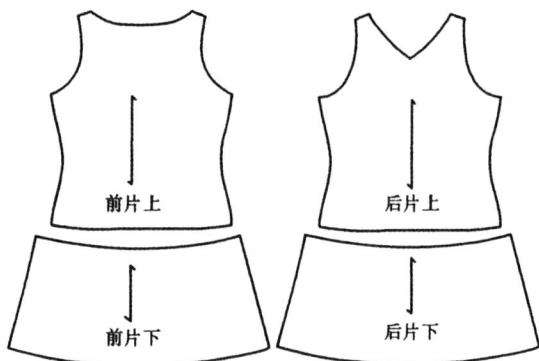

③ W_yuke dress_160/84A 纸样

图 8-9　各款式纸样

## 二、2D 裁片三角网格化

读取 2D 裁片 DXF 文件，采用正则栅格法对 2D 裁片进行四边形剖分，满足裁片内部规则剖分，边缘特殊处理的要求。

连接四边域对角线，实现 2D 裁片三角化。同时，根据裁片缝合边的对位信息，调整边界单元三角域，使其满足缝合边的缝合要求。

### 三、构建质点—弹簧模型

采用 X-Provot 经典的质点—弹簧模型理论建立 2D 裁片质点—弹簧模型，其中以三角形的顶点为质点，以三角形的边为弹簧。

根据裁片缝合需要，对模型施加各种应力，包括外力（重力、阻尼力、惩罚力、缝合力）和内力（弹力），并由牛顿第二定律 $F = ma$ 确定质点的运动规律。

### 四、模型求解

根据牛顿第二定律 $a = F / m$，计算出质点 $U_i$ 的加速度 $a_i$，列出偏微分方程。

$$m\frac{\partial^2 X}{\partial t^2} + c_d\frac{\partial X}{\partial t} = F_{elast} + F_{gravity} + F_{damping} + F_{penalty} + F_{stitching}$$

采用显式欧拉积分方法对模型进行数值求解，计算质点在各个时刻的位置与速度。

### 五、质点修正

对于显式积分方法，大步长迭代将导致质点弹簧发生"超弹现象"，必须对质点的位置和速度进行修正。

采用改进的质点位置修正算法，每个迭代周期向缩短最长拉伸弹簧的方向收缩，以消除大部分质点位置修正算法的互相消除现象。

# 第九章　三维服装虚拟缝合与试衣技术

## 第一节　2D 裁片虚拟缝合

### 一、2D 裁片载入

根据前述人体关键尺寸的获取方法获得人体模型的身高、胸围、腰围等关键尺寸，依据服装号型标准（GB/T 1335—2008）对号型的定义，获得与人体相对应的服装号型。

号：指人体的身高，是设计、生产、选购服装时长度方向的依据。

型：指人体的净胸围或净腰围，是设计、生产、选购服装时围度方向的依据。

号型标志：号型标准规定，服装生产企业必须对生产的服装进行号型标志。标记方法为号 / 型体型分类代号。

例如，1 号男性人体模型建立完成后，通过人体测量获取人体身高为171.3 cm，胸围为 86.4 cm，腰围为 73.8 cm，则该人体模型对应的号型为 170/88（上身）和 170/74（下身）。

打开服装款式库，选择试衣的服装款式（本节中仅限男士背心、女士连衣裙和低腰分割裙）】，款式图和纸样分别如图 8-8、图 8-9 所示。根据人体对应的号型，在纸样数据库中搜索相应号型规格的纸样，载入系统中。

本节所使用的 2D 裁片通过富怡 V9.0 服装 CAD 软件打版完成，用 CAD 图形标准数据交换格式——DXF 格式保存这些图形的精确数据。DXF 是 Autodesk 公司开发的用于 AutoCAD 与其他软件之间进行 CAD 数据交换的 CAD 数据文件格式。由于 AutoCAD 现在是最流行的 CAD 系统，DXF 也被广泛使用，成为事实上的标准。绝大多数 CAD 系统都能读入或输出文件。DXF 文件结构中的实体段数据包含了图形中所包含的图元类型、顶点、坐标等相关信息。

## 二、裁片位置初始化

根据 2D 裁片与人体的对应关系，交互式地设置 2D 裁片初始位置，以满足 2D 裁片与人体模型的相对位置关系。即将服装的前片放置在人体模型的正面，将后片放置在人体模型的背面，方便后期裁片的对位缝合。

## 三、裁片缝合信息设置

服装的虚拟缝合过程为系统在对应的缝合边施加缝合力，对应的 2D 裁片在缝合力作用下逐渐靠拢，达到系统设定的临界值时完成缝合，从而将 2D 裁片缝合为三维服装。在对 2D 裁片进行三维虚拟缝合处理的过程中，缝合信息的合理设置成为关键。

设 2D 裁片的顶点集为 $P_i(i=1,2,3, \quad , n)$，边界集合为 $L_i(i=1,2,3, \quad , n)$，边界上经网格化后的点集为 $LP_i(i=1,2,3, \quad , n)$。这里，$LP_i$ 是顶点 $P_i$ 与 $P_{i+1}$ 间的边界离散点集合。

假设需要缝合的两组裁片分别为 A 和 B，当选择 A 片上的顶点 $P_{A(m)}$ 与 $P_{A(m+1)}$、B 衣片上的顶点 $P_{B(m)}$ 与 $P_{B(m+1)}$ 时，就确定了 A 片上 $L_{A(m)}$ 与 B 片上的 $L_{B(n)}$ 为对应的缝合边（图 9-1）。在后期的缝合过程中，将在点集 $LP_{A(m)}$ 与点集 $LP_{B(n)}$ 之间施加缝合力。

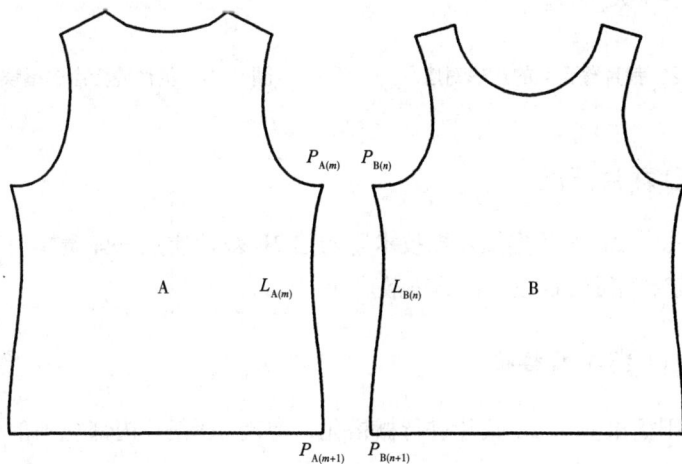

图 9-1　缝合边设置

选择对应的缝合边后，还需要设定边上对应的缝合点对。为了确定正确的缝合点对，边上的离散点以顶点选择顺序保存。例如，A 片上，顶点顺序为 $P_{A(m)}$、$P_{A(m+1)}$，则 $L_{A(m)}$ 边上的点集为 $LP_{A(m)(i)}(i=1,2,\ ,n)$；若顶点顺序为 $P_{A(m+1)}$、$P_{A(m)}$，则 $L_{A(m)}$ 边上的点集为 $LP_{A(m)(i)}(i=n,n-1,\ ,1)$。

本节以起止顶点选择顺序为顺时针或逆时针进行区分，若以相同顺序选择，则这两条边上的缝合点之间的对应关系是正确的（图 9-2）；若以相反顺序选择，则缝合点的对应关系是错误的（图 9-3）。对此，本节提出了处理此类情况的方法，即在系统中加入方向参数 $d$，若顺时针，$d=1$；若逆时针，$d=-1$。当裁片 A 中的方向参数与裁片 B 中的方向参数不同时，可将裁片 B 的缝合边点集顺序进行调换。

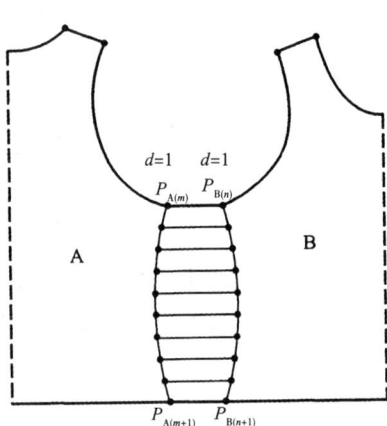

图 9-2　裁片缝合点的正确对应　　　　图 9-3　裁片缝合点的错误对应

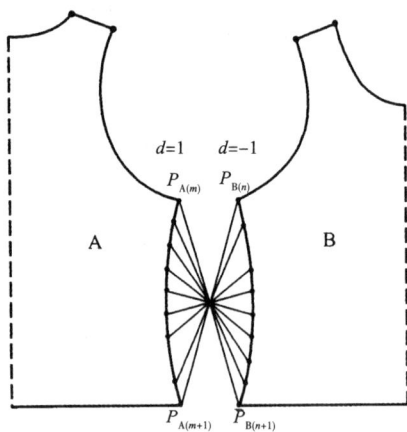

## 四、2D 裁片离散

根据"服装 2D 裁片虚拟模拟技术"构建 2D 裁片质点—弹簧模型，通过模型数值积分求解，完成 2D 裁片初始离散。

### （一）2D 裁片网格化

采用正则栅格法对 2D 裁片进行栅格化，实现 2D 裁片内部规则剖分、边缘特殊处理。

## （二）构建 2D 裁片质点—弹簧模型

采用 X-Proven 经典的质点—弹簧理论构建 2D 裁片质点—弹簧模型，三角形的顶点形成质点，三角形的边形成相应的弹簧。按质点间的相应关系，加入各种应力。

# 五、缝合边调整方案

在服装缝制工艺上，对应的缝合边因长度不同，缝合时应采用不同的调整方案。

## （一）缝合边长相等

通常服装缝合的对应边边长应相等，在虚拟缝合时，要求对应缝合边上的缝合点数相等，对应的缝合边产生对应的缝合点对。

设 A、B 裁片对应的缝合边分别为 $L_a$、$L_b$，其长度分别为 $l_a$、$l_b$，对应边上的缝合点数分别为 $N_a$、$N_b$，$L_a$ 上的缝合点为 $P_{a(i)}(i=1,2,\ ,N_a)$，$L_b$ 上的缝合点为 $P_{b(i)}(i=1,2,\ ,N_b)$，其对应缝合关系为 $P_{a(i)} \Leftrightarrow P_{b(i)}$。

当 $l_a=l_b$，$N_a=N_b$ 时，调整 $P_{b(i)}$ 的位置，使 $P_{b(i)}P_{b(i+1)}=P_{a(i)}P_{a(i+1)}(i=1,2,\ ,N_a)$，修正 $L_b$ 边界三角域，如图 9-4 所示。

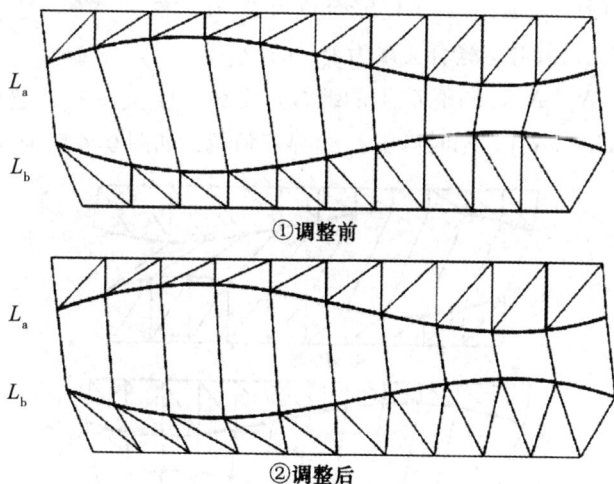

图 9-4　等边等点调整

当 $l_a=l_b$，$N_a \neq N_b$ 时，假设 $N_a<N_b$，则重新离散缝合边 $L_a$，使 $L_a$ 上的缝合点 $P_{a(i)}$ 满足 $P_{a(i)}P_{a(i+1)}=P_{b(i)}P_{b(i+1)}(i=1,2,\ ,N_b)$，同时修正 $L_a$ 边界三角域，如图 9-5 所示。

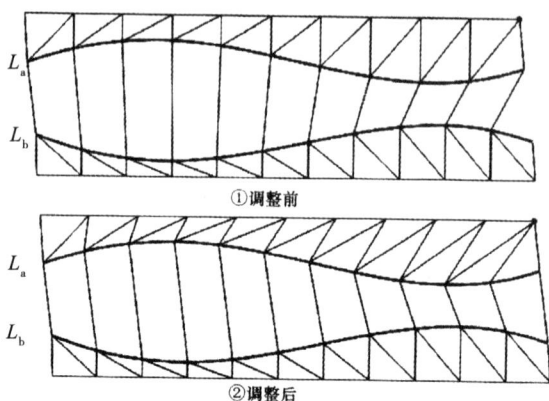

图9-5 等边不等点调整

## （二）缝合边长不等

对不相等的两条边进行缝合时，必须将长边进行缩褶处理，使多余的量形成褶。服装虚拟缝合时，必须确保两条缝合边的缝合点数相等。

设 A、B 裁片对应的缝合边分别为 $L_a$、$L_b$，其长度分别为 $l_a$、$l_b$，对应边上的缝合点数分别为 $N_a$、$N_b$，$L_a$ 上的缝合点为 $P_{a(i)}(i=1,2,\quad,N_a)$，$L_b$ 上的缝合点为 $P_{b(i)}(i=1,2,\quad,N_b)$，其对应缝合关系为 $P_{a(i)} \Leftrightarrow P_{b(i)}$。

假设 $l_a > l_b$，$N_a > N_b$，调整 $L_b$ 上的缝合点个数，使 $N_a = N_b$，且满足对应关系 $P_{b(i)} \Leftrightarrow P_{a(i)}(i=1,2,\quad,N_b)$，同时修正 $L_b$ 边界三角域，如图9-6所示。

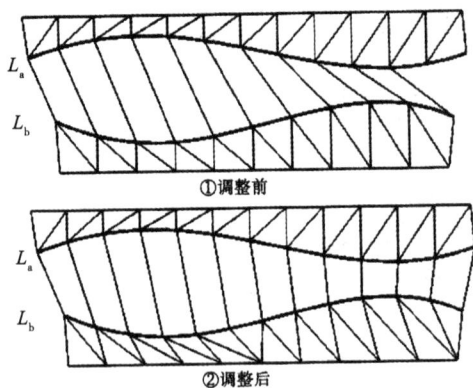

图9-6 不等边不等点调整

## 六、缝合力定义

缝合试衣过程中需要对 2D 裁片的缝合边施加缝合力，设计合理的缝合力及其控制参数是 2D 裁片能够成功虚拟缝合的关键。2D 裁片虚拟缝合过程中，缝合力以外力（质点—弹簧模型中，视为用户自定义力）的形式作用在缝合边对应的质点对上。

本节中，针对 2D 裁片缝合特性，将缝合力定义为与被缝合质点间距离呈线性关系——距离越大，缝合力越大；距离越小，缝合力越小。

$$F_{\text{stitching}} = -kl \left( \|l\| \geq d_{\min} \right)$$

式中，$k$ 为缝合力系数，与织物的缝合性能有关，通常较难变形的织物采用较大的缝合力系数；$l$ 为对应缝合点的距离矢量；$d_{\min}$ 为距离阈值。

缝合力系数 $k$ 通常应大于弹簧的弹性系数，以保证在缝合过程中缝合力起主要作用。$d_{\min}$ 为缝合结束控制条件，当两个被缝合质点间距离小于给定的距离阈值 $d_{\min}$ 时，系统认为两质点已经充分接近，此时采用动量守恒定律控制缝合点的运动，使其运动状态保持连续，最终两质点具有相同的速度和位置矢量，即实现两质点的缝合。

设裁片 A 的边 $l_A$ 上的质点 $P_A$ 与裁片 B 的边 $l_B$ 上的质点 $P_B$ 为一缝合点对，质点 $P_A$ 和 $P_B$ 的质量分别为 $m_A$ 和 $m_B$，缝合前的速度分别为 $v_A$ 和 $v_B$，当 $\|l\| < d_{\min}$ 时，根据动量守恒有

$$\begin{cases} m_A v_A + m_B v_B = (m_A + m_B) v_0 \\ v_0 = (m_A v_A + m_B v_B) / (m_A + m_B) \\ P_0 = P_A + (P_B - P_A) m_A / (m_A + m_B) \end{cases}$$

当所有缝合边对应质点距离均小于阈值 $d_{\min}$ 时，便结束缝合。此时，对裁片及缝合边进行如下处理：

合并前、后裁片网格质点。

在缝合边上对每个缝合点对施加一个初始距离极小、弹簧系数极大的弹力。

## 七、模型变形处理

根据裁片的缝合信息在裁片的对应缝合边上施加缝合力。在缝合力、惩罚力和衣片上各质点间内部弹力的共同作用下，2D 裁片逐步变形，并逐渐被缝合在一起。整个缝合过程是一个动态的迭代过程。其中，缝合力施加于 2D 裁片对应缝合边上，使裁片逐渐缝合在一起。当裁片与人体模型或裁片间有碰撞发生时，施加

惩罚力，使裁片不会穿越和渗透人体模型或其他裁片。

在动态迭代过程中，要同时进行大量的裁片—人体模型及裁片—裁片间的碰撞检测，并给出相应的碰撞响应处理：当有碰撞现象发生时，对对应质点施加惩罚力，将质点拉回三角形的另一面，重新调整碰撞点所处的位置，避免发生穿越和渗透。

缝合过程快结束时，进行缝合约束处理，设定质点距离阈值，当所有缝合边对应质点距离均小于阈值时，便结束缝合。此时，合并被缝合裁片网格质点，在对应缝合边上，给每个缝合质点对施加一个初始距离极小、弹簧系数极大的弹力。这样便可以得到缝合好的三维服装穿在静态人体模型上的立体效果。

# 第二节　碰撞检测与响应

## 一、碰撞检测

在 2D 裁片虚拟缝合及试衣过程中，由于重力、缝合力等各种外力的作用，裁片逐渐变形靠拢，使 2D 裁片与人体模型、2D 裁片之间接触并发生"穿越"现象。为了有效避免裁片"穿越"人体模型或裁片相互"穿越"，必须在虚拟缝合和试衣过程中对 2D 裁片与人体模型间以及 2D 裁片自身进行碰撞检测及响应。碰撞检测涉及的检测元素数量庞大，使碰撞检测非常耗时，因此设计高效的碰撞检测算法是实现虚拟缝合试衣的关键。

目前，用于虚拟仿真过程中碰撞检测的算法主要有空间分解法和层次包围盒法两大类。其中，空间分解法将被检测碰撞体分割成若干个体积相等的单元，仅对相同或相邻的单元进行求交检测。层次包围盒法则是利用体积略大而几何特性简单的包围盒将被检测对象包围起来，先进行包围盒之间的相交测试，只有包围盒相交时，才对其包围的对象进行进一步求交计算。常见的包围盒有沿坐标轴的包围盒 AABB、包围球、方向包围盒 OBB 等。

### （一）AABB 层次包围盒

#### 1. 包围盒思想

在虚拟环境中进行碰撞体之间的求交检测，其数学原理就是对碰撞体间的位置关系进行判断，即从碰撞体出发，构建表示该碰撞体表面的数学方程并联立构成方程组，通过求解方程组来判断碰撞体之间是否发生碰撞。

在虚拟环境中，实际参与碰撞检测的碰撞体多种多样，构建不同碰撞体表面的数学方程十分不易，而且方程组的求解也很难实现，同时为了满足虚拟模拟的实时性的需要，碰撞检测的效率必须达到一定的要求。因此，用于碰撞检测的数学模型必须简化，采用与碰撞体相似的包围盒来代替碰撞体进行碰撞检测正是包围盒的基本思想。

2. 分离面定理

利用包围盒方法进行碰撞检测，要用到一个重要的定理，即分离面定理。

（1）分离面定理：给定 $\Re^n$ 空间的凸面体 $P$ 和 $Q$，如果它们内部不相交，则一定存在超平面 $H$，有 $H//a$ 且 $H//b$，其中，$a,\ b\in E_P\quad E_Q$，$E_P=\{e|\,e\,\text{isone of edge of}\,P\}$，$E_Q=\{e|\,e\,\text{isone of edge of}\,Q\}$

（2）分离轴定理：给定 $\Re^n$ 空间的凸面体 $P$ 和 $Q$，当且仅当存在直线 $l\in L$ 使 $\pi(P,\ l)\quad\pi(Q,\ l)$ 成立时，$P\quad Q=\varPhi$ 成立。其中，$\pi(P,\ l)$，$\pi(Q,\ l)$ 分别代表 $P$、$Q$ 在 $l$ 上的投影。

$$L=\{l|\,l\quad a\times b,\ a,\ b\in E_P\quad E_Q\}$$

$E_P$、$E_Q$ 定义同上。

分离轴定理是进行相交测试的一个重要的定理，适用于 AABB、OBB 和 k-DOP 等凸多面体。它给出了一种判断两个物体相交的充分不必要条件，将相交检测的过程转化为寻找分离轴的过程，即在三维空间中找到一个向量，使被检测的几何体在该向量上的投影是不相交的，就断定被检测的几何体不相交，此时，这条向量就被称为分离轴。借助分离轴可以降低相交检测计算的复杂度。

3. AABB 层次包围盒

在虚拟仿真技术领域，层次包围盒法是进行碰撞体间碰撞检测的主要方法之一。其基本思想是利用体积略大、几何特性简单的包围盒将被检测对象包围起来，先进行包围盒之间的相交测试，只有包围盒相交时，才对其包围的对象进行进一步求交计算。

层次包围盒法采用包围盒树来逐渐逼近碰撞体的几何性。其中，层次结构的根节点包围了整个碰撞体，每个父节点包围的几何对象是它的所有子节点包围的几何对象之和，节点从上到下逐渐逼近它包围的几何对象。其求交流程如图 9-7

所示。该方法只需要对包围盒相交的部分进行进一步的相交测试，减少了碰撞检测的元素，有效提高了碰撞检测的效率。

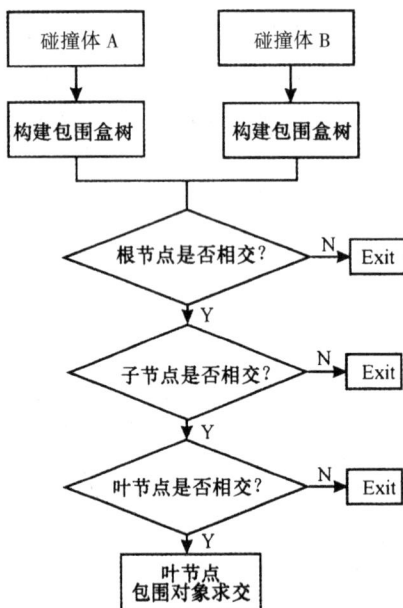

图 9-7　包围盒法求交计算原理

1995 年，Smith 提出了一种基于 AABB 包围盒的碰撞检测方法。该方法在每个步长都重建碰撞体的包围盒，但该方法不能对复杂碰撞体进行实时检测。1997年，G. van den Bergen 对原有基于 AABB 包围盒法的 SOLID1.0 库进行改进，用自下而上的更新方式加快包围盒树的更新速度，并发表了 SOLID2.0 库，但对变形较大的碰撞体，其构建的包围盒树会出现较多的重叠区域。2007 年，王晓荣对SOLID2.0 库提出了改进，先利用碰撞体的时空相关性对可能相交的对象进行快速排序，然后通过减少 AABB 树的存储空间来提高算法执行的效率。

4. 构建 AABB 树的过程

先构建碰撞体包围盒树的根节点，然后向下细分。在每一步细分中，先计算出所有基元的最小 AABB 包围盒，选择 AABB 包围盒的最长轴方向作为分离平面的分离轴，选取一个适当的点作为分离平面与分离轴的交点来确定分离平面。分离平面将该基元分成正、负两个子集。重复执行，直到每个子集只剩下一个元素。因此，一个包含 $n$ 个基元的碰撞体对应的 AABB 包围盒树有 $n$ 个叶节点和 $n-1$ 个子节点。

## （二）裁片—人体模型碰撞检测

（1）分别构建 2D 裁片和人体模型 AABB 包围盒树。

（2）用人体模型 AABB 树的根节点遍历 2D 裁片的 AABB 树。若发现人体模型 AABB 树的根节点的包围盒与裁片 AABB 树内部节点的包围盒不相交，则停止向下遍历并结束碰撞检测。如果遍历能到达 2D 裁片 AABB 树的叶节点，再用该叶节点遍历人体模型 AABB 树。如果能到达人体模型 AABB 树的叶节点，就进一步进行叶节点对所包含的基元间的相交测试。

（3）检测叶节点对包含的基元是否相交。本节中涉及的两个碰撞体分别为人体模型和 2D 裁片，其中人体模型在整个动态模拟过程中是静态的，因此只需要在初始化时构造一次 AABB 树即可。为了进一步提高碰撞检测的效率，我们在构造人体模型的 AABB 树时，根据 2D 裁片所处位置与人体模型的几何结构，灵活构造人体模型的 AABB 树。例如，对于一件由四个裁片构成的上衣，只需要取人体模型上半身数据来构造人体模型的 AABB 树（图 9-8）。

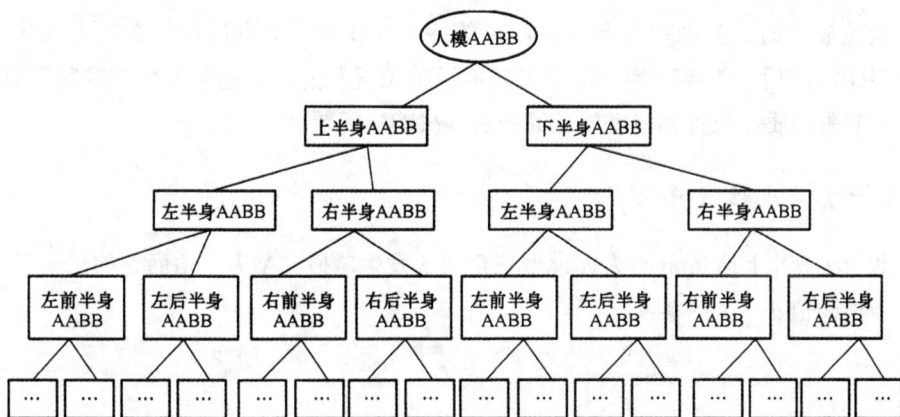

图 9-8　人体模型 AABB 树

在进行人体模型和 2D 裁片碰撞检测时，根据裁片与人体模型的对应位置分别进行局部检测，有效地减少需要碰撞检测的元素。系统根据缝合的裁片不同，建立的人体模型 AABB 树亦不同。

## （三）裁片自碰撞检测

在 2D 裁片虚拟缝合及试衣过程中，除了 2D 裁片与人体模型之间的碰撞外，由于裁片的动态变形使裁片间也有碰撞发生，所以必须进行裁片的自碰撞检测。

通过计算 2D 裁片相邻三角形法线的夹角，对裁片自碰撞检测进行处理。通过分析知道，只有当裁片的相邻三角形法线的夹角较大时，才有可能发生碰撞。

建立 2D 裁片表面三角形邻域内的三角形列表，计算相邻三角形法线的夹角。设置角度阈值 $\theta$，只有当三角形法线夹角大于 $\theta$ 时，才进行碰撞检测，有效减少了参与检测的碰撞元素，提高了检测效率。

## 二、碰撞响应

为避免发生 2D 裁片"穿越"人体模型和裁片间相互"穿越"的现象，当检测到碰撞发生时，要立即进行碰撞响应处理。碰撞响应的处理方法一般有两种：一种是对碰撞质点施加几何约束；另一种是在人体模型和 2D 裁片周围设置一个向量场，或对碰撞质点施加一个向外的瞬间足够大的力。第二种碰撞响应方法中向量场或约束反力的大小不易控制，当向量场或约束反力过小时，起不到约束的作用，容易产生碰撞现象；当向量场或约束反力过大时，则容易使 2D 裁片产生"边缘跳动"现象，甚至导致系统求解失败。

发生碰撞时，受摩擦力和碰撞产生的冲力的作用，质点运动状态发生变化。检测到碰撞之后，需要准确确定质点碰撞后的位置及速度，避免发生"穿越"现象。本节采用质点位置和速度修正的方法解决响应问题。

### （一）质点位置修正

设 2D 裁片上质点 $m$ 与人体模型三角面 $S$ 发生碰撞，$N$ 为三角面 $S$ 的法向量。设置距离阈值 $d_{min}$（图 9-9）。

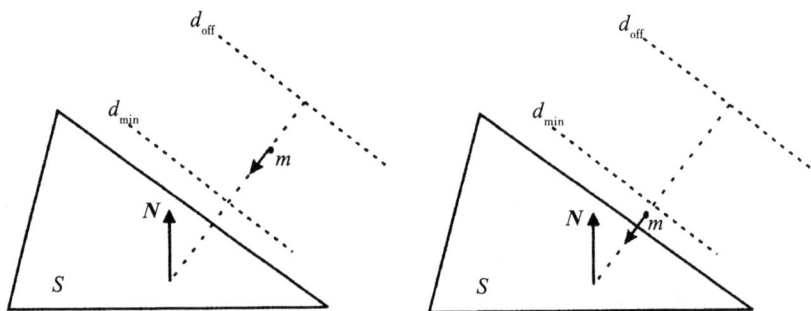

图 9-9　碰撞时的位置关系

当质点 $m$ 位于 $d_{off}$ 和 $d_{min}$ 之间时，质点位置合理，不需要修正，质点碰撞后的初始位置为当前碰撞位置。

当质点 $m$ 处于 $d_{\min}$ 内时，需要调整质点位置，使其处于 $d_{\text{off}}$ 和 $d_{\min}$ 之间。

设碰撞前质点 $m$ 的位置矢量为 $P_1$，碰撞后质点 $m$ 的位置矢量为 $P_2$，则质点的位置修正方程为

$$\begin{cases} P_2 = P_1, & \text{当质点 } m \text{ 位于 } d_{\min} \text{ 和 } d_{\text{off}} \text{ 之间时}; \\ P_2 = P_1 + d_{\min} \cdot \overset{\rho}{N}, & \text{当质点 } m \text{ 位于 } d_{\min} \text{ 内时。} \end{cases}$$

## （二）质点速度修正

设 2D 裁片质点 $m$ 与人体模型在其表面 $P$ 点接触，$\overset{P}{N}$ 为 $P$ 点处的法向量。$F$ 是使 $m$ 与人体模型表面保持接触的力，$\overset{P}{F_N} = \left( \overset{P}{F} \cdot \overset{P}{N} \right) \overset{P}{N}$ 是 $F$ 的法向分量，$\overset{P}{F_T} = \overset{P}{F} - \overset{P}{F_N}$ 是 $F$ 的切向分量。$k_f$ 为滑动摩擦系数，$k_f \in R^+$。

若 $\left\| \overset{P}{F_T} \right\| < kf \left\| \overset{P}{F_N} \right\|$，质点 $m$ 保持不动，无滑动摩擦力，$\overset{P}{F_T} = 0$。

若 $\left\| \overset{P}{F_T} \right\| \geqslant kf \left\| \overset{P}{F_N} \right\|$，质点 $m$ 平行于人体模型表面移动，存在的滑动摩擦力大小为 $\overset{P}{F_s} = \overset{P}{F_T} - k_f \left\| \overset{P}{F_N} \right\| \dfrac{\overset{P}{F_T}}{\left\| \overset{P}{F_T} \right\|}$。

设 $\overset{\rho}{v}$ 为碰撞前的质点速度，$\overset{P}{v_1}$ 为碰撞后的质点速度。$\overset{P}{v_2}$ 是垂直于人体模型表面的分量，$\overset{P}{v_T}$ 是其切向分量。$k_d$ 是衰减系数，$k_d \in [0,1]$。

由于碰撞产生的力 $F$ 与碰撞速度成正比，碰撞速度越大，产生的反力越大，则可近似认为 $\overset{P}{v} = \overset{P}{F}$，$\overset{P}{v_1} = \overset{P}{F_s}$。同时，由于质点的速度在 $[t_0, t_0 + \Delta t]$ 之间是基本恒定的，可近似认为 $\overset{P}{v} = \overset{P}{v_1}$。

碰撞后质点速度的修正方程为

$$\begin{cases} \overset{P}{v_1} = -k_d \overset{P}{v_N}, & \text{当} \left\| \overset{P}{v_T} \right\| < k_f \left\| \overset{P}{v_N} \right\| \text{时}; \\ \overset{P}{v_1} = \overset{P}{v_T} - k_f \left\| \overset{P}{v_N} \right\| \dfrac{\overset{P}{v_T}}{\left\| \overset{P}{v_T} \right\|} - k_d \overset{P}{v_N}, & \text{当} \left\| \overset{P}{v_T} \right\| \geqslant k_f \left\| \overset{P}{v_N} \right\| \text{时。} \end{cases}$$

# 第三节　2D 裁片三维虚拟缝合流程

现实中，服装产品的加工都采用 2D 衣片通过缝纫设备缝合完成。本书按照

服装实际生产加工流程模拟服装缝制过程，将 2D 裁片通过虚拟缝合的方式在人体模型上进行三维缝合及试衣。本节以男士背心裁片虚拟缝合为例，其缝合方案如图 9-10 所示。

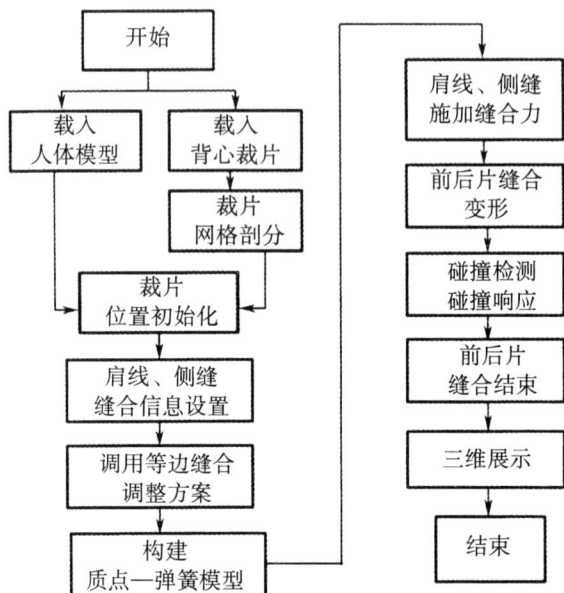

图 9-10　男士背心虚拟缝合方案

## 一、人体模型和 2D 裁片载入

图 9-11 所示为用于虚拟缝合与试衣的男体模型和背心裁片。

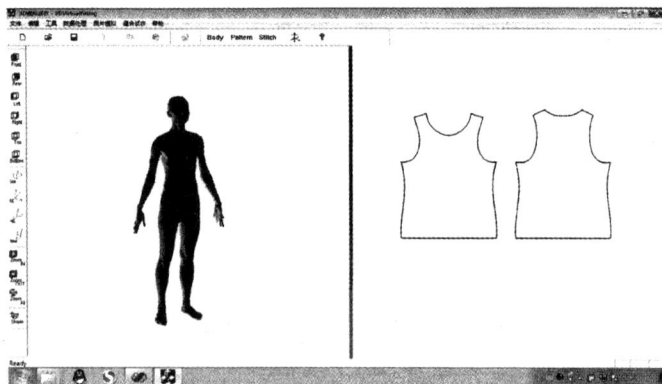

图 9-11　人体模型和背心裁片载入

本书中，用于虚拟缝合与试衣的男体模型（用于背心的缝合与试衣实验）通过三维人体扫描设备扫描人体点云数据，通过本书第六章所述的点云数据处理和第七章的人体建模等处理构建个性化人体模型并存储成 STL 格式。系统通过打开 STL 人体模型文件，载入人体模型。

用于虚拟缝合与试衣的女体模型（用于连衣裙和低腰分割裙的缝合与试衣实验）通过通用三维建模软件 3Ds Max 建模完成标准化人体模型并存储成 OBJ 格式。系统通过打开 OBJ 人体模型文件，载入人体模型。

系统通过第七章所述方法获取人体关键尺寸（身高、胸围、腰围），确定人体穿衣号型，在纸样数据库中搜索对应号型的纸样，通过 DXF 文件接口打开 2D 裁片。

## 二、背心裁片网格剖分

按照第八章中的"2D 裁片网格剖分方法"对背心裁片进行三角网格化，采用正则栅格化法对 2D 裁片进行四边形剖分。根据实验分析，在保证模拟效果的同时，应尽量提高模拟效率，设置剖分密度为 2.5 cm，连接四边形对角线，实现对背心前、后裁片的内部规则处理、边缘特殊处理，以满足后期缝合的需要（图9-12）。

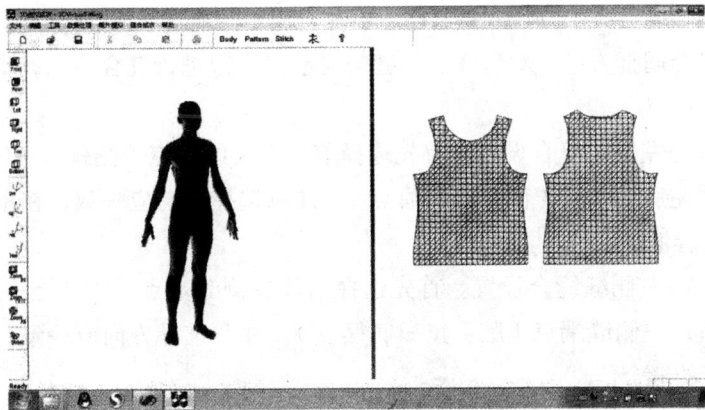

图9-12 背心裁片三角网格化

## 三、2D 裁片位置初始化

根据服装 2D 裁片与人体位置的对应关系，结合背心款式特征，交互式地合理放置初始位置，以方便 2D 裁片对位缝合。如图 9-13 所示，由于背心只有两个裁片，即前片和后片，因此将前片放置在人体模型的正面，将后片放置于人体模型的背面。

图 9-13　背心裁片初始位置

## 四、设定缝合信息

根据前述缝合方法，设置背心前、后片肩线、侧缝对应缝合边、缝合点信息，选择等边缝合调整方案，对肩线、侧缝的对应缝合边进行缝合信息调整，具体操作流程如下：

（1）背心左肩线缝合设置。首先选择前片左肩线端点（侧颈点→肩点），然后选择后片左肩线端点（侧颈点→肩点）。注意选择方向应一致，在系统中添加左肩线的缝合信息。

（2）背心左侧缝缝合设置。首先选择前片左侧缝端点（腋下点→底摆点），然后选择后片左侧缝端点（腋下点→底摆点）。注意选择方向应一致，在系统中添加左侧缝的缝合信息。

（3）同理，在系统中添加右肩线、右侧缝的缝合信息，如图 9-14 所示。

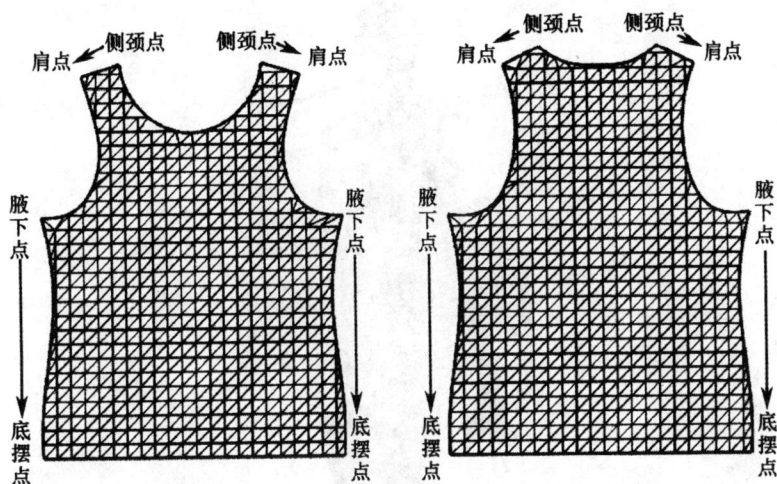

图 9-14　背心裁片缝合信息设置示意图

（4）比较前后片的左肩线、右肩线、左侧缝、右侧缝的缝合点数（边的剖分数）是否相同，如果不同，采用等边调整方案对对应边进行调整。

## 五、建立 2D 裁片质点—弹簧模型

按照质点—弹簧模型的原理构建背心前后裁片的质点—弹簧模型，其中三角形的顶点为质点，三角形的边为弹簧。

## 六、施加缝合力

完成 2D 裁片初始位置设置、裁片离散、缝合信息设定后，前后裁片需要通过缝合力的作用相互靠近，缝合成三维服装（图 9-15）。缝合力被设置成对应缝合点距离的线性函数。

图 9-15 对前后裁片肩线、侧缝施加缝合力

## 七、碰撞检测及碰撞响应

2D 裁片对应缝合边上的质点在缝合力的作用下将逐渐相互靠近，同时在重力、空气阻尼力的作用下，为防止裁片"穿越"人体模型以及裁片相互"穿越"，必须进行碰撞检测。采用 AABB 层次包围盒法，分别构建裁片和人体模型 AABB 包围盒树，对裁片—人体模型碰撞以及裁片自碰撞进行检测，并及时响应处理。

## 八、质点位置更新

在质点—弹簧模型的作用下，裁片内部质点与缝合边上的质点之间存在弹簧力的作用，内部质点将随之产生位置变化，使 2D 裁片产生弯曲变形并靠近人体模型，2D 裁片逐渐被缝合成三维服装。

## 九、缝合结束判定

设定质点距离阈值 $d_{min}$，当所有缝合边对应质点距离均小于阈值 $d_{min}$ 时，便结束缝合。此时，对裁片及缝合边进行如下处理：

（1）合并前、后裁片网格质点。

（2）在缝合边上对每个缝合点对施加一个初始距离极小、弹簧系数极大的弹力。

通过以上步骤，2D 裁片完成虚拟缝合过程，在缝合力、重力、阻尼力、惩罚力以及内部弹力的共同作用下，2D 裁片弯曲变形逐渐被缝合，并"穿"在人体模型上。

# 第四节　服装纹理映射

大多数服装材料具有印花图案或织物纹理，把这些图案模拟出来，可以很好地体现服装的质地和穿着效果。通过纹理映射技术将织物纹理映射到服装模型的表面，可以增强服装仿真的真实感。

## 一、纹理映射概述

纹理映射是一种增强服装模拟真实感的有效手段。应用于虚拟服装中的纹理通常有颜色纹理和几何纹理两种，其中，颜色纹理是在光滑表面上描绘附加定义的花纹或图案；几何纹理是根据粗糙表面的光反射原理，使表面呈现出凹凸不平的形状。三维服装表面两种纹理都存在，着装效果的仿真应考虑两种纹理映射，但以颜色纹理为主。所以，本节主要探讨服装表面颜色纹理的具体映射过程。

服装颜色纹理映射是先在纹理空间上定义纹理图案，再建立服装表面的点与纹理图案的点之间的对应关系。当服装表面的可见点确定之后，用纹理空间对应点的值乘以亮度值，就可以把纹理图案附到服装表面上。

1974 年，Calmull 提出了一种将平面图像映射到曲面上的方法。在该方法中，曲面用参数表示，纹理空间定义在参数空间上，因而纹理映射就是该曲面的表征函数。

Song. Dema 和 Hong. Lin 提出了一种优化的纹理映射方法，即利用一种使映射变形最小的局部相等映射将曲面近似展开为二次曲面。该方法在一定程度上解决了 Calmull 提出的纹理映射方法带来的图像变形问题。

虚拟服装纹理映射的过程就是建立纹理图案与服装表面点的映射关系，按一定算法将纹理图案映射到服装表面的过程。

服装曲面由于其构成的复杂性，其整体纹理映射属于非线性。但由于服装曲面建模时采用分块小曲面构造，使局部的纹理映射线性化，因此，减小了变形。

## 二、纹理映射方法

在服装（织物）纹理映射中，通常采用逆向纹理映射方法，该方法按屏幕扫描线顺序访问像素，对纹理图案进行随机采样，根据要显示点的逆透视方向计算它代表的三维曲面上的点，再以参数空间为参考，根据映射关系找出三维曲面点在二维纹理图像中的对应点，获取灰度和颜色（图 9-16）。

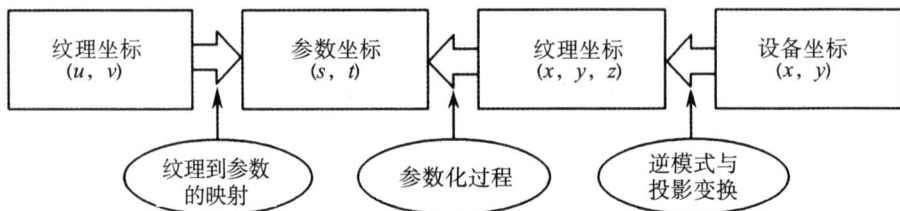

图 9-16　逆向纹理映射方法

在服装曲面上实现图案纹理映射，实质上是织物图案在服装表面上的映射。先根据纹理图案和服装的边界定义确定一个映射函数，再使用逆向映射将图案映射到服装曲面空间。

若纹理空间点 $P(u, v)$ 对应服装模型坐标点 $S(x, y, z)$，则纹理图像 $P$ 点的灰度或颜色值 $f(u, v)$ 等于三维服装模型 $S$ 点处的灰度或颜色值 $I(x, y, z)$，即 $f(u, v) = I(x, y, z)$。

### 三、纹理图案与服装曲面的线性映射关系

设纹理图案被定义在纹理空间坐标系 $(u, v)$ 中，服装表面被定义在另一坐标系 $(x, y)$ 中，则纹理图案与服装曲面的映射关系为

$$x = k_1 u + m_1$$
$$y = k_2 v + m_2$$

式中，系数 $k_1$、$k_2$、$m_1$、$m_2$ 由纹理图像和服装曲面对应的角点坐标确定。

如图 9-17 所示，纹理图案四个角点与服装曲面四个角点的映射关系为

$$P(0, 0) \rightarrow A, \ P(0, 1) \rightarrow B, \ P(1, 1) \rightarrow C, \ P(1, 0) \rightarrow D$$

服装曲面四个角点 $A$、$B$、$C$、$D$ 是用参数表示的已知点，根据四个已知条件可求出线性纹理映射的四个系数 $k_1$、$k_2$、$m_1$、$m_2$，从而确定线性纹理映射函数。

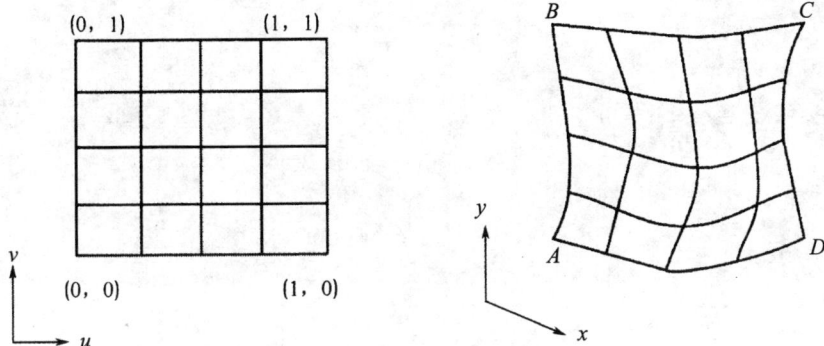

图9-17 纹理图像与服装小曲面映射关系

本节采用 OpenGL 库函数实现三维服装的纹理映射。在 OpenGL 中，图像各个点的映射值由其内部插值决定，如果要把整个图像放在服装曲面上，只需要把纹理图案的 4 个角点的坐标映射到服装曲面对应的 4 个角点上。OpenGL 中映射函数为

Void glMap2* {fd}（GLemun target，TYPE u1，TYPE u2，Glint ustride，Glint uorder；

TYPE v1，TYPE v2，Glint vstride，Glint vorder，TYPE points）。

通过纹理映射技术，将纹理图案的 4 个角点的坐标映射到服装曲面对应的 4 个角点上，便完成了服装的纹理映射。图 9-18 所示为男士背心的纹理映射结果。

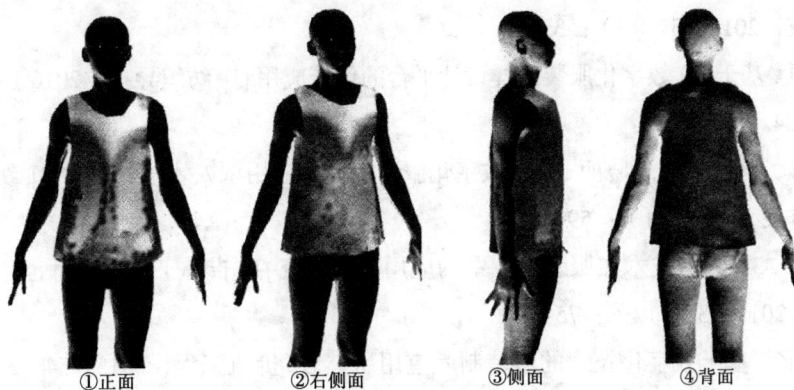

①正面　　　　②右侧面　　　　③侧面　　　　④背面

图9-18 男士背心纹理映射结果

# 参考文献

[1] 张小妞，王军，张春媛．数字化服装三维人体建模方法综述 [J]．山东纺织科技，2018，59（3）：44-47.

[2] 敦宏丽．深度学习层次感知技术在 3D 服装设计中的应用研究 [D]．北京：北京服装学院，2018.

[3] 马菡婧，田宝华．数字化服装设计发展趋势及技术创新分析 [J]．艺术科技，2017，30（10）：156.

[4] 汤立，孙影慧．数字化服装工程中三维人体建模方法概述 [J]．国际纺织导报，2017，45（7）：62-65.

[5] 陈永强，彭利华．数字服装款式图版权保护技术研究[J]．软件导刊，2016，15（12）：98-100.

[6] 王璐璐，王军，伞文，等．数字化服装设计的发展与技术创新研究 [J]．山东纺织科技，2016，57（5）：35-38.

[7] 张恒．基于 3D 数字化服装纸样设计平台的创新应用 [J]．纺织导报，2016（8）：82-84.

[8] 郭虹，陈晓玲，迟晓丽．浅析数字化服装实验室应用型人才培养模式 [J]．纺织科技进展，2016（4）：59-61.

[9] 张恒．3D 数字技术在服装企业中的应用价值研究 [J]．吉林工程技术师范学院学报，2015，31（12）：75-77.

[10] 雷杨．基于数字化技术的服装制版应用研究 [J]．价值工程，2015，34（34）：128-129.

[11] 王少博．传统服装制造业技术转型分析 [D]．天津：天津工业大学，2016.

[12] 周媛远. 刍议新形势下服装教学方法的革新 [J]. 读与写（教育教学刊），
　　　2015，12（2）：83.

[13] 邱书芬. 数字化服装结构设计的应用 [J]. 天津纺织科技，2014（2）：47–48.

[14] 史建生. 数字化服装生产制造技术 [J]. 江苏丝绸，2013（6）：34–38.

[15] 何斌，王炳智. 数字化服装效果图设计 [J]. 科技传播，2013，5（5）：24–26.

[16] 卢亦军. 数字化服装设计扩展服装产品设计语言的研究 [J]. 艺术教育，2012
　　　（12）：166–167.

[17] 陈桂林. 数字化技术是服装产业升级转型的核心驱动力 [J]. 服饰导刊，2012，
　　　1（1）：27–29.

[18] 丁舒羽，项丹妮，陈颖，等. 数字化服装技术代替传统方式 [J]. 科技创新导报，
　　　2012（23）：241.

[19] 徐春阳. 特殊体型数字化服装定制系统 [D]. 上海：东华大学，2012.

[20] 李洪琴. 对我国数字化服装业的认识 [J]. 硅谷，2010（21）：124.